드론
새로운 세상을 만나다

드론 베이직 매뉴얼

드론 베이직 매뉴얼

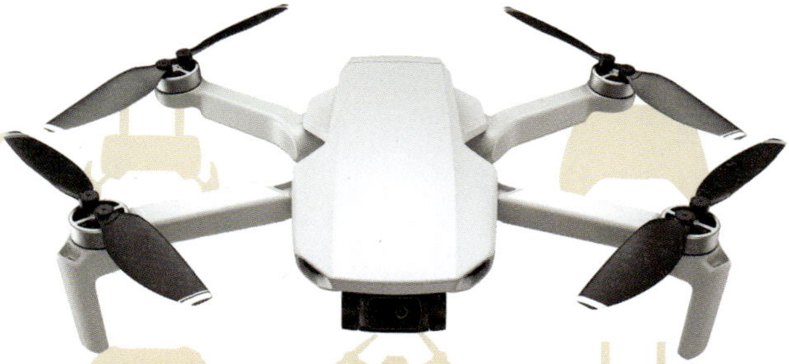

드론
새로운 세상을 만나다

드론 베이직 매뉴얼

  http://www.crownbook.com

들어가는 글

드론,
새로운 세상을
만나다

　최근 세대를 넘어선 드론 열풍으로 우리 사회는 적지 않은 변화를 맞이하고 있다. 이미 몇 년 전부터 대부분의 방송국에서 드론을 이용한 항공촬영을 시작했으며, 인간의 능력으로는 접근할 수 없는 지역을 드론을 통해 탐사하는 일도 세계 곳곳에서 벌어지고 있다. 또한, 날씨가 좋은 날 공원이나 잔디밭에 나가면, 일반인들이 레저용 드론을 날리는 모습도 종종 구경할 수 있다. 전문가들은 머지않아 휴대전화와 마찬가지로 '1인 1 드론 시대'가 다가올 것으로 전망하고 있다. 이제 드론에 대한 막연한 상상은 현실이 됐고, 우리 앞에 바짝 다가와 있다.

　이 책은 드론에 대한 단순한 호기심이 조금 더 전문화된 관심으로 바뀌어 가고 있는 드론 입문자들에게 드론에 대한 가장 기본적인 지식을 전달해줄 수

있을 것이다. 드론이란 과연 무엇인지, 드론의 겉과 속은 어떻게 생겼는지, 드론을 손쉽게 조종하는 방법은 무엇인지, 드론에 대해 알고 싶지만, 그 방법을 찾지 못해 고민했던 사람들에게 친구를 소개하듯 친절하게 드론에 관해 설명해주고 싶은 마음이 고스란히 담겨 있다.

'아는 만큼 보인다'는 말이 있다. 드론 입문자가 드론을 제대로 활용하고, 드론의 매력을 제대로 즐기기 위해서는 먼저 드론에 대해 속속들이 알아야 한다. 그렇게 드론에 대해 알아가는 과정을 통해 드론의 무한한 잠재력을 발견하고, 비로소 그 즐거움을 온전히 내 것으로 누릴 수 있도록 도움을 주는 것. 그것이 이 책이 세상에 나온 이유가 되길 바란다.

마지막으로 이 책이 출판되기까지 물심양면으로 도움을 주신 ㈜헬셀 정미진 이사님과 디자인 팀, 인터뷰에 도움을 주신 시네드론 이현수 감독님, 대경대학교 박재홍 교수님, 연합뉴스 최재구 기자님, 동아일보 양회성 기자님, 김은정 님에게 감사의 마음을 전한다.

장성기 · 백옥희

차례

드론
새로운 세상을 만나다

프롤로그 　'1인 1드론 시대'를 맞이하다

　　01 우리는 왜 드론에 열광하는가　　　　　　　　　　010
　　02 세계가 주목하는 드론　　　　　　　　　　　　　　016

Special I 　나에게 맞는 드론찾기

　　01 알아두면 좋은 드론 선택 요령　　　　　　　　　　026
　　02 드론 베스트 15　　　　　　　　　　　　　　　　　030

Part 01 　드론입문기초 _ 드론, 새로운 세상을 만나다

　Chapter 01　드론이란　　　　　　　　　　　　　　　　051
　　　　　01 드론의 정의 · 비행 원리　　02 드론 완전 해부

　Chapter 02　드론 조종법　　　　　　　　　　　　　　　073
　　　　　01 드론 기초용어 정리　　　　02 드론 조종법
　　　　　03 조종기 · 송신기 이해　　　04 드론 주요 부품
　　　　　05 다양한 드론 조종법　　　　06 드론 항공촬영 시스템

　Chapter 03　드론 입문자가 꼭 알아야 할 필수사항　　　107
　　　　　01 안전 비행을 위한 선택 Yes or No　　02 드론 관련 법규를 알고 즐기자
　　　　　03 드론 사고의 위험성　　　　　　　　　04 드론 비행 시 돌발 상황 대비

Special II   세계에서 가장 잘 팔리는 드론, 매빅   127

- 01 왜 매빅인가
- 02 매빅미니만의 주요 특징
- 03 매빅미니만의 다양한 비행 모드
- 04 매빅미니의 지능형 배터리
- 05 매빅비니의 카메라와 짐벌
- 06 DJI FLY App

Part 02   드론입문심화 _ 드론, 한계를 넘어서다

- Chapter 01 군사용으로 출발한 드론   146
- Chapter 02 일상의 새로운 즐거움, 일반시장용 드론   150
- Chapter 03 사회 곳곳을 누비는 산업용 드론   156
- Chapter 04 드론의 미래, 기술의 진화는 어디까지   160
  - 01 재해와 범죄로부터 인간을 보호하다
  - 02 일손을 돕는 똑똑한 드론의 출현
  - 03 교육과 과학의 혁신을 이루다
  - 04 드론, 상상이 현실이 되다
  - 05 드론 직업군 알아보기
  - 06 토마스 프레이의 미래의 드론 192가지 쓰임새

Special III   드론 바로미터

- 01 드론의 모든 것을 공부하고 싶다면   170
- 02 드론 관련 협회 활동을 하고 싶다면   170
- 03 드론 관련 자격증을 취득하고 싶다면   171

나가는 글   드론, 무한한 기회를 열다

참고자료   174

DRONE BASIC MANUAL

드론은 사람이 타지 않고 무선전파의 유도에 의해서 비행하는 비행기나 헬리콥터 모양의 비행체를 말한다. 드론의 활용 목적에 따라 다양한 크기와 성능의 비행체들, 군사용에서 초소형 드론까지 활발하게 개발·연구되고 있다. 또한, 개인의 취미활동으로 개발되어 상품화된 것도 많이 있다. 정글이나 오지, 화산·자연재해·원자력 발전소 사고지역 등 인간이 접근할 수 없는 지역에 드론을 많이 활용하고 있다. 최근에는 드론을 활용하여 수송 목적 외에도 활용하는 등 드론의 활용 범위가 점차 넓어지고 있다.

PROLOGUE

드론, 1인 1드론 시대를 맞이하다

01 우리는 왜 드론에 열광하는가

02 세계가 주목하는 드론

01 우리는 왜 드론에 열광하는가

〈우리에게도 일어날 수 있는 미래씨 가족의 이야기〉

화창한 아침, 미래씨 가족의 하루가 시작됩니다. 오늘은 어제 마트에서 장을 본 미래씨의 아내가 영양 만점 토스트와 과일 샐러드를 준비해, 온 가족이 함께 맛있는 아침을 먹었는데요. 배달 드론이 무거운 장바구니를 신속하게 배달해준 덕분입니다.

미래씨는 오늘 회사에 출근하기 전에 새로 나온 드론 구입을 위해 드론 전시장을 방문할 예정인데요. 그 전에 먼저 초등학교 4학년인 딸과 중학교 2학년인 아들이 안전하게 등교하는 모습을 드론을 통해 지켜보는 일도 잊지 않습니다.

한창 외모 가꾸기에 신경을 쓰는 미래씨의 딸이 셀카 드론으로 자신의 모습을 촬영하고 있는데요. 갖가지 표정을 지으며 천진난만하게 웃는 딸의 모습을 바라보는 미래씨의 얼굴에도 미소가 번지네요. 요즘 스케이트보드에 빠진 아들은 씩씩하게 학교로 향하고 있는데요. 스케이트보드를 즐기는 자신의 모습을 촬영하고 싶어 하는 아들을 위해 미래씨는 움직임이 빠르고 고화질의 촬영이 가능한 익스트림 스포츠용 드론을 구입해 선물할 계획입니다. 아들이 정말 기뻐하겠죠?

　　드론전시장에 들어서자 미래씨의 눈에 가장 먼저 들어온 것은 바로 최신형 레이싱 드론인데요. 그 동안 활동했던 드론동호회에서 레이싱 선수단을 결성해 생애 첫 드론레이싱 대회에 출전하게 된 미래씨… 화려한 실전용 레이싱 드론에 욕심이 나긴 하지만 일단 연습용 레이싱 드론을 구입합니다. 그리고 아들에게 선물할 익스트림 스포츠용 드론도 함께 구입했는데요. 여기서 끝이 아닙니다. 또 하나 미래씨의 마음을 움직이게 한 것은 바로 가족의 밤길 안전을 지켜주는 귀가길 드론인데요. 움직이는 CCTV처럼 늦은 밤 귀가를 하는 가족들의 모습을 지켜볼 수 있다고 합니다.

　　참새가 방앗간을 그냥 지나칠 수 없듯이 새로운 드론이 나올 때마다 드론전시장을 찾게 되는 미래씨! 요즘 미래씨에게는 드론쇼핑이 일상의 가장 큰 즐거움 중 하나랍니다.

[출처: DailyMail. 2015. 6. 16.
www.dailymail.co.uk]

드론 레이싱 대회에서 출발을 기다리고 있는 레이싱 드론

결코 멀지않은 미래에 우리에게도 충분히 일어날 수 있는 미래씨 가족이야기로 드론에 관한 글을 시작하려 한다.

우리는 왜 드론에 열광하는가?

그 질문에 대한 답은 간단하다. 상상이 현실로 이루어졌기 때문이다. 하늘을 나는 비행기, 자동으로 올라가는 계단 에스컬레이터, 내 손안의 작은 컴퓨터 스마트폰… 모두 우리 생활에 편리함을 가져다주는 현대과학의 산물이다. 그리고 그 탄생의 배경에는 인간의 무한한 상상력이 존재한다. 우리 사회에서 기술의 진보는 그런 인간의 상상력을 멀지 않은 미래에 현실로 만들어냈다. 미래씨 가족의 이야기 역시 곧 우리가 마주하게 될 우리의 모습인 것이다. 하늘을 날며 다양한 역할과 기능을 수행하는 무인항공기 드론! 얼마 전까지만 해도 드론은 상상이었다. 그리고 이제 그 상상이 너무나 반갑게도 현실로 다가오고 있기에 우리는 드론에 열광할 수밖에 없다.

2015년 1월, 미국 백악관 앞마당에 소형무인기 드론이 추락했다는 기사가 뉴스를 장식했다. 한 달 뒤인 2015년 2월에는 인천 영종대교에서 일어난 105중 추돌사고 현장을 보도하기 위해 소형무인기들이 공중에 떠 있는 모습이 방송을 탔다. 항공촬영용으로 쓰이는 드론은 각종 예능 프로그램을 종횡무진 누비고 있고, 핵전쟁으로 인해 멸망한 지구의 이야기를 다룬 영화 〈오블리비언, 2013〉에는 무인정찰기 드론이 등장한다.

영화 〈오블리비언〉에 등장하는 무인정찰기 드론 166　　[출처: mossfilm.wordpress.com]

　이처럼 언론이 자주 드론의 모습을 보여준다는 것은 그만큼 대중들의 관심을 끌기에 충분한 소재라는 것을 의미한다. 스마트폰 시장이 급성장하면서 우리 사회에 미친 파급효과 못지않게 드론도 과학, 의학, 물류 등 모든 산업분야에서 중요한 위치를 차지하게 된 것이다. 미래에 대한 상상에서 출발해 대중의 관심을 받기 시작했고, 이제는 성장잠재력을 인정받고 있는 드론은 3,40대 키덜트족에게도 상당한 인기를 얻고 있다. 조종기로 장난감 자동차를 운전하듯이 소형 드론은 그들에게 하늘을 나는 장난감 비행기인 것이다. 이러한 레저용 드론 열풍은 산업에서의 영향력 못지않게 빠른 속도로 퍼져나가고 있다. 인터넷 검색에 드론을 검색하는 사람들이 많아졌고, 휴일에 공원이나 하천 고수부지 같은 곳에 나가면 드론을 날리는 사람들을 종종 만나게 된다.

PROLOGUE　드론, 1인 1드론 시대를 맞이하다

레저용 드론은 단순히 비행이 목적이 되기도 하고, 사진이나 동영상 촬영을 위해 즐기기도 한다. 산업용 드론은 우편이나 택배 서비스, 건설, 재난구조, 환경 감시, 농약살포 등 다양한 분야에서 다양한 역할을 해나갈 것으로 전망된다. 더불어 우리나라는 19대 미래 성장 동력 중 하나로 드론을 선정했다. 2023년까지 세계 3위 드론기술 강국이 되는 것이 목표이다. 이제 TV에서 하늘을 날면서 영상을 촬영하는 드론을 보며, 도대체 무엇에 쓰는 물건이지 모르겠다는 표정을 짓는 사람은 거의 없을 것이다. 스마트폰이 국민의 필수품이 됐듯이, 드론 역시 '1인 1드론 시대'를 향해 빠른 걸음을 옮기고 있기 때문이다.

DJI 인스파이터 2 [출처: DJI사이트에서 캡쳐]

02 세계가 주목하는 드론

드론은 세계가 주목하고 있는 산업계의 이슈이다.

드론은 군사적인 목적에서 개발이 시작됐지만 이제는 민간에 이르기까지 그 어떤 분야보다 빠르게 시장을 넓혀가고 있다. 전 세계 기업들이 앞 다투어 시장선점에 나설 만큼 그 무한한 가치를 인정받고 있으며, 산업계의 이슈로 떠오르고 있다. 이러한 드론 시장의 비약적인 성장세는 국가들의 경쟁구도가 형성되면서 더욱 확연히 드러나고 있다.

2012년 기준 미국의 무인항공기 시장 점유율(미국 71%, 유럽 13%, 중동 7%, 아태 8%)은 절반을 훌쩍 뛰어 넘는다. 허나 2021년에는 미국 49%, 유럽17%, 아태 22%, 중동 9%등으로 경쟁 시장이 변화될 것으로 예상된다. 특히 아태지역의 시장 점유율 증가 원인은 세계 9위(2012년 기준)의 기술수준과, 세계 3위(2013년 기준)의 시장규모를 기록한바 있는 중국 시장의 급성장을 들 수 있다.

특히 중국의 DJI(Dá-Jiang Innovations Science and Technology Co.)는 2014년 약

5,000억 원의 매출액을 기록하면서 세계시장의 70%를 차지하였으며, 2018년에는 약 3조의 매출액을 기록하고 있다. 국내 드론 산업 총 시장규모(군수용+민수용)는 2015년 1,000억 원 매출 수준에서 2020년에는 4,000억 원을 상회하는 수준으로 급격히 성장 할 것으로 예상한다. 무인항공기인 드론은 앞으로 다가오는 4차 미래 산업을 이끌어갈 대표주자로 자리매김하고 있다.

【 주요 국가/대륙별 무인항공기 시장 점유율 현황 및 전망 】

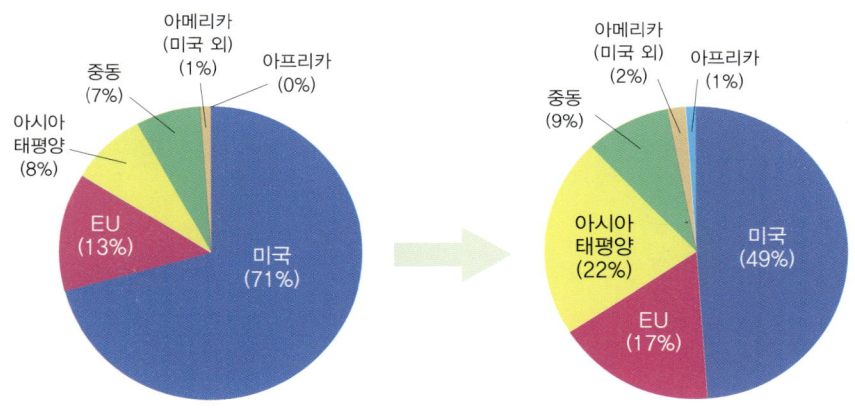

[출처 : Teal Group, 2012.04. [World Unmanned Aerial Systems 2012 market profile and forecast]

미국의 방위산업 컨설팅업체인 틸그룹(Teal Group)은 2010년 52억 달러 수준이던 전 세계 드론 시장 규모가 2022년에는 114억 달러까지 확대될 것으로 전망했다. 2013년 전 세계 드론 시장의 90%(매출액 기준)를 차지하고 있는 것은 군사용이지만, 민간용 중소형 드론의 기술개발과 다양한 아이디어 드론의 개발이 활발하게 이루어지면서 민간분야로 확대되고 있기 때문이다. 2018년 국내 드론 시장 규모는 1800억 원 수준이다.

2019 대구 ICT 전시회에 참여한 (주)헬셀

　전 세계 시장 규모와는 비교가 되지 않지만 그 성장속도가 점차 빨라지고 있는 추세로 수년 이내에 가전시장 규모로까지 성장해나갈 것으로 예상하고 있다.

　국내 드론 시장을 선도하고 있는 드론 대표기업 (주)헬셀은 2011년까지만 해도 소수의 RC 마니아층을 대상으로 드론 제품을 판매했다. 당시는 드론으로 인한 매출이 회사의 이윤으로 이어지기 어려울 정도로 미미한 수준이었다.

하지만 불과 일 년이라는 시간 사이 2013년부터 국내는 물론 세계적으로 드론 열풍이 불기 시작하면서 (주)헬셀의 연매출은 2011년 12억에서 2018년 167억으로 증가했다. 국내 드론 시장 규모가 2011년 대비 14배 이상 성장한 것이다.

누가 먼저, 어떤 드론으로 시장을 선점하느냐는 지금부터 시작이다. 군사용에서 민간용, 민간용에서, 특수 산업용으로까지 다양한 산업분야로의 진출을 꾀하고 있는 만큼 세계는 새로운 드론의 개발과 투자에 온 힘을 기울이고 있다.

세계 최대 규모의 항공사인 미국 보잉사는 세계 최고 수준의 무인기 기술과 실적을 보유하고 있다. 현재 수소연료 무인 실증기인 팬텀아이(Phantom Eye)를 개발 중이며, 미 해군과 합동으로 무인스텔스기 팬텀레이(Phantom Ray) 또한 개발하고 있다. 노스롭 그루먼사(Nothrop Grumman)는 미국의 3대 항공우주 산업체 중 한 곳으로 대형 정찰기인 트리톤 드론 의 개발을 완료했다.(2017년까지 총 68대 해군에 납품 예정) 구글(Google)사는 드론을 무선인터넷 보급망 확장에 활용할 계획으로 무인기 제작업체인 타이탄 에어로스페이스(Titan Aerospace)사를 인수했으며, 비행선 형태의 무인기를 이용해 인터넷과 통신에 활용(룬 프로젝트)하고 있다. 아마존(Amazon)사는 무인헬기를 이용한 차세대 배송시스템인 아마존프라임에어(Amazon Prime Air)의 실용화를 추진하고 있고, 민간 무인기 운용 제도화를 위해 FAA와 민간 무인항공기 운항체계와 규제관련 협력을 진행하고 있다. 2018 평창 동계 올림픽에서는 1,200대의 드론을 활용하여 다양한 그림을 하늘 위에 3차원적으로 표현하는 드론 군정 비행은 시연하였으며 드론 군집 비행은 공연문화에서 빼놓을 수 없는 하나의 수단으로 진보하고 있다.

드론의 개발경쟁은 미국뿐만 아니라 다른 나라들도 마찬가지다. 영국 탈래스(Thales)사는 항공우주와 군수, 보안 분야 선도업체로 통신 중계, 원격탐사, 정찰 등의 업무수행을 위해 인공위성과 무인항공기를 결합한 형태의 성층권 비행선 스타라토부스(Stratobus) 개발 사업을 추진 중이다.

전기와 전자기기 제조업체인 일본의 히타찌사는 정보수집용 소형 무인기(드론) 개발에 주력하고 있다. (일본 육상자위대에 16기 납품 완료)야마하발동기사는 소형엔진과 선체 등을 제조하는 업체로 이미 농업, 측량, 관측 등에 사용할 수 있는 산업용 무인헬기인 페이저(FAZER)를 출시해 판매하고 있다. 그뿐만 아니라 독일 지오본(Geoborn)사는 열 감지 센서와 카메라가 장착돼 고층빌딩과 같이 소방관이 접근하기 힘든 지역으로 날아가 발화 지점을 포착하고, 소화의 임무를 수행하는 소방전용 드론을 개발해 아랍에미리트(UAE) 두바이에 고층 건물 화재 진압용으로 15대를 판매하기도 했다.

그렇다면 우리나라는 어떤 걸음으로 세계가 주목하는 드론시장에 뛰어들고 있을까?

한국항공우주연구원(KARI)은 국내 무인기 관련 기술개발을 주도하고 있는 정부출연연구기관으로 틸트콥터(Tilt Copter)형 드론 개발에 성공했다. 또한 한국항공우주산업주식회사(KAI)는 정부과제로 주야간 공중정찰, 전장감시용 무인항공기체계를 개발해 상용화에 나섰으며, 군단무인기의 영상감지기 체계성능계량 사업 또한 진행해 미래 무인기 기술을 선점해나가고 있다.

한국전자통신연구원(ETRI)은 다수 기능을 통합 제어하면서 오류를 일으키지 않고, 높은 신뢰성을 보장할 수 있는 무인항공기 전용 운영체제인 큐플러스 에어(Qplus-AIR)를 개발했다. 그리고 미연방 항공청의 아티고(Atego)로부터 SW 안전성 최고등급인 'DO-178B LEVEL A'를 획득했다. 또한 연구소기업 '알티스트'에 기술이전 돼 국산 기동헬기 수리온과 소형무장헬기(LAH)를 비롯해 한국항공우주산업이 생산하는 헬리콥터에 탑재될 예정이다.

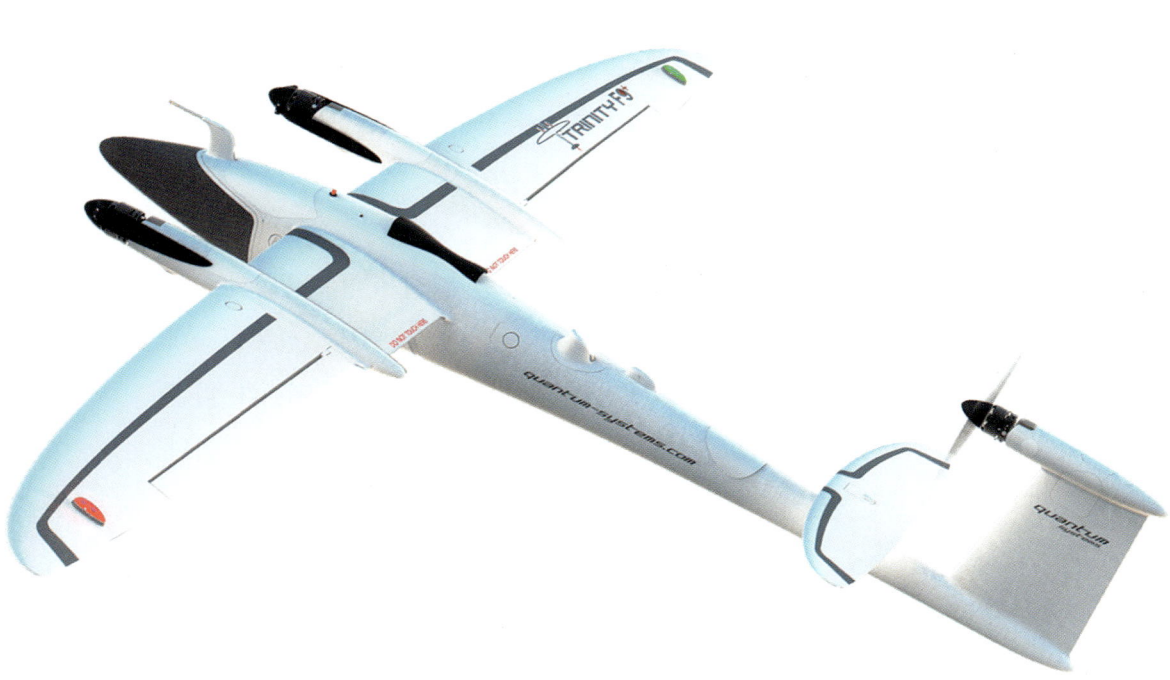

독일 퀀텀사의 수직이착륙기
(V.T.O.L) 트리니티90+

한국기계연구원은 2013년 자체개발한 연료전지를 동력원으로 사용한 무인항공기 시험비행에 성공했다. 대한항공은 항공우주연구원과 공동으로 틸트콥터형 무인기를 개발해 2020년 세계최초로 상용화를 추진 중이다. 한화는 초소형 무인항공시스템인 크로우(CRAW)를 개발한 '마이크로 에어로봇'사를 인수해 초소형 무인항공기 기술개발을 위한 사업에 참여하고 있다. 이 밖에도 LG CNS는 무인헬기 제조사인 '원신스카이텍'을 인수해 소프트웨어(SW)와 하드웨어(HW)를 융합한 자체 무인헬기 토탈 솔루션 개발을 추진하고 있다. LG 유플러스는 LTE 망을 이용한 드론제어 기술을 확보해 기술시연에 성공했으며, 유콘시스템은 군사용 무인기 전문업체로 정찰용 무인기인 '리모아이(Remo Eye)'를 운용 중에 있고, 국내 최초로 UAE 공군에 무인기 지상통제장비를 수출했다. 또한 방위사업청의 육군과 해병대 대대급 적용 소형 정찰용 무인항공기 사업의 구매 기종으로 선정됐다.

이처럼 활발하다 못해 치열한 경쟁 속에서 드론 개발은 더욱 진화되고 있으며, 세계 드론시장의 규모 역시 발걸음을 맞추고 있다. 드론을 활용한 국내 시장 규모는 2018년 기준 약 1억 6천만 달러, 한화로 약1,800억 원이다. 다른 산업분야와 비교했을 때 엄청난 투자가치를 느낄 만큼 매력적인 규모는 아니다. 하지만 지금은 성장초기로 드론 관련 산업의 무궁무진한 잠재력을 본다면 앞으로 10년간 전 세계 드론시장 규모는 약 90조 원 이상으로 확대될 것이라는 전망이다.

공연과 결합된 드론군집비행 [출처 : 하이그레이트 웹사이트]

DRONE BASIC MANUAL

드론 관련 기술들이 급속도로 발전되었을 뿐만 아니라, 대중화되고 소형 모터 및 배터리, GPS를 비롯한 센서들의 발달로 지금은 누구나 쉽게 제조가 가능한 제품이 되었다. 중국 기업인 DJI가 선두주자로 꼽히고 있고, 프랑스의 패롯이 드론 라인업을 갖추고 있다. 최근 우리나라를 비롯한 전 세계 대기업들의 참여도 활발히 이어지고 있다. 퀄컴과 인텔도 드론 시제품을 공개했고, 아마존이 배송용 드론을 운영하고 있다. 국내기업 ㈜헬셀에서도 드론을 스포츠와 접목한 드론팡을 출시하여 드론스포츠라는 새로운 장르를 세계화하고 있다.

Special I

나에게 맞는 드론 찾기

01 알아두면 좋은 드론 선택 요령

02 드론 베스트 15

01 알아두면 좋은 드론 선택 요령

드론 입문자는 자신에게 가장 적합한 드론을 선택해야 한다

드론은 우리가 두 발로 걸어 다니는 땅이 아닌 하늘을 나는 제품이다. 그 만큼 무한한 즐거움을 줄 수 있는 동시에 다양한 사고의 위험에도 노출될 수 있다. 미숙한 조종으로 기체가 파손돼 더 이상 제 기능을 못하는 일회용 제품이 될 수도 있고, 빠르게 회전하는 프로펠러나 사람의 머리 위로 떨어지는 본체가 조종자뿐만 아니라 타인에게 크고 작은 상해를 입힐 수도 있다. 이렇듯 드론이 가지고 있는 여러 잠재요소들을 고려해 처음 드론을 접하는 입문자는 무엇보다 나에게 가장 적합한 드론을 선택함에 있어 신중해야 할 필요가 있다.

드론 조종 경험

드론을 조종해본 경험이 전혀 없거나 아직 조종이 익숙하지 못한 입문자는 일단 모든 면에서 단순한 드론을 선택하는 것이 좋다. 조종이 쉽고 가격의 부담이 적으며, 간단한 수리가 가능한 제품이 우선순위가 될 수 있다. 일반적으로 다루기 쉬운 제품 중 몇 가지를 고른다면, 실내에서는 드론팡(Dronepang),

둥둥이 등과 같은 작고 안전한 제품이 좋고, 야외에서는 질럿X, 질럿F 등과 같이 바람에도 강한 좀 더 큰 기체를 가진 제품이 드론 조종의 즐거움을 배가시킬 수 있다.

 드론 사용 목적

　드론은 사용자의 목적에 따라 그 어떤 분야로도 활용이 가능한 첨단 과학 기술의 집약체이다. 최근에는 취미를 목적으로 한 레저용 드론이 남녀노소 모두에게 인기를 끌고 있으며, 방송매체 영상 제작에 있어서도 카메라가 장착된 드론의 활용도가 점차 높아지고 있다. 또한 사람이 가지 못하는 특이한 지형을 탐사하거나 위험지역을 감시할 때도 드론을 이용하는 경우가 많아지고 있다. 이처럼 각 분야의 사용 목적에 따라 드론의 형태와 기능도 달라지기 때문에 드론을 선택할 때는 먼저 사용 목적을 파악하는 것이 중요하다.

【 드론 사용 목적에 따른 분류 】

- ▶ **취미용**　드론팡, 질럿Q, 질럿F, 질럿X, 질럿R, 시마X5
- ▶ **초보 촬영용**　질럿X프로, 질럿F프로, 텔로, 시마Z3
- ▶ **중급 촬영용**　매빅미니, 매빅2프로, 매빅2 줌,
- ▶ **고급 촬영용**　인스파이어2, 매트리스210, 매트리스600
- ▶ **산업용**　매빅2 엔터프라이즈, 팬텀4RTK, 팬텀4M, 매트리스210RTK, 트리니티90+

Special I　나에게 맞는 드론 찾기

드론 구입비용

　드론은 그 종류가 점차 다양해지고 있는 만큼 가격대 또한 천차만별이다. 2만 원대의 저가형 제품부터 몇천만 원을 호가하는 고급형 제품까지, 그 범위가 넓다. 물론 가격이 높다고 해서 다 좋은 것은 아니다. 제아무리 비싼 옷도 내 몸에 맞지 않으면 그 값어치를 하기 어렵듯이 무조건 고가의 제품을 선호하기보다는 입문자의 경제적인 부분과 활용성을 고려해 적정한 가격의 제품을 구매하는 것이 현명하다.

【 드론 구입 비용에 따른 분류 】

▶ 2만 원~10만 원　드론팡, 질럿Q, 질럿F, 질럿X, 질럿R, 시마X5
▶ 10만 원~50만 원　질럿X프로, 질럿F프로, 텔로 ,매빅미니, 패럿 아나피
▶ 50만 원~3백만 원　매빅2프로, 매빅2 줌
▶ 3백만 원 이상　인스파이어2, 팬텀4RTK, 매트리스210, 매트리스 600

DJI 매트리스210　　　[출처 : DJI 웹사이트]　　　skydio skydio2　　　[출처 : ZDNet 2019. 12. 3]

DJI 매빅2 pro　　　[출처 : DJI 웹사이트]　　　DJI 팬텀 3　　　[출처 : ⟨The Verge⟩ 2015. 8. 7]

02 드론 베스트 15

DRONE BEST 15

Drone Best 01　　　드론팡(Dronepang)

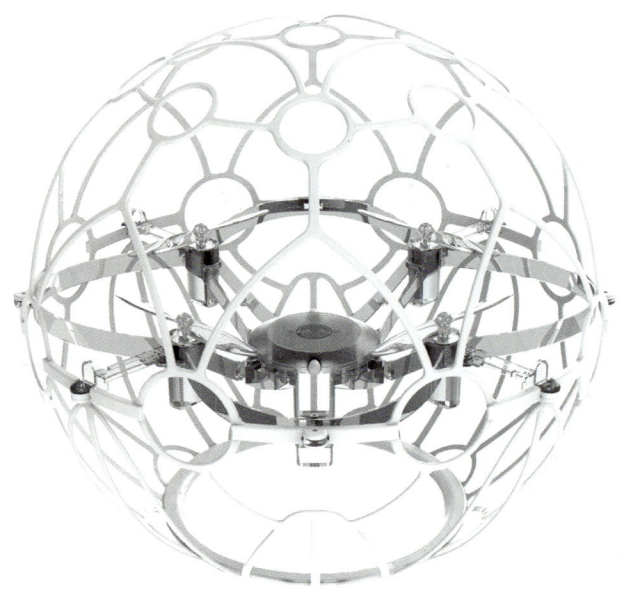

　전 세계 최초로 개발된 게임 및 스포츠 전용 드론이다.

　20cm 지름의 드론에 원형 보호구가 둘러져 있어서 정말로 안전하다. 원형 골대를 설치하면 가족, 친구와 함께 팡팡 부딪히며 게임을 즐길 수 있어 비행 연습과 더불어 다함께 웃고 즐길 수 있는 재미있는 제품이다. 교육용, 연습용으로 최적화!

가격대	9만 원대	규격	지름 20cm
무게	99g	배터리	7.4v, 450mAh
비행시간	약 5분	구분	입문용
카메라	미장착	특징	• 외형구 안전장치 • 모터구동키 • 원키 이륙착륙

Drone Best 02　　둥둥(Doong Doong)

　　문어의 머리를 연상하게 하는 둥글둥글한 모양에 4개의 프로펠러는 덕트로 보호되어 안전하게 비행할 수 있는 입문용 드론이다. 몸체의 안쪽에서 여러 가지 색의 LED빛을 발광시킬 수 있어 눈이 즐거워진다. 또한 회전하며 호버링을 하거나 선회 비행을 조종기에 마련된 버튼으로 쉽게 구사할 수 있어 교육용 입문용으로 알맞은 둥둥드론이라 할 수 있다.

가격대	6만 원대	규격	16×16×7.5cm
무게	74g	배터리	3.7v 800mAh
비행시간	약 10분	구분	입문용
카메라	미장착	특징	• 화려한 불빛 • 안전한 프로펠러 덕트 • 손쉬운 배터리 교체 • 회전 호버링과 선회 비행 기능

Drone Best 03　　　질럿Q(Zealot Q)

　　덕트형 안전보호구를 장착한 드론이다. 작지만 빠르게 비행하며 친구들과 레이싱을 즐길 수 있다. DIY 형태의 제품도 판매 중이라 학교에서 드론 조립 교육용으로 많이 사용하고 있는 모델이다. 전면에 있는 라이트로 어두운 실내에서도 비행이 가능하다.

가격대	4만 원대	규격	10.0x10.0x4.8cm
무게	42g	배터리	3.7v, 400mAh Li-Po
비행시간	약 6분	구분	입문용
카메라	미장착	특징	• 고도유지/설정 • 해제기능 • 자동이착륙 • 360도 회전

Drone Best 04　　　　질럿R(Zelot R)

 드론 중 가장 작은 크기의 제품이지만 작다고 무시하지 말자. 이 드론의 경우, 실내 레이싱을 위하여 고안된 빠른 경기용 드론이다. 폴딩암 구조라 휴대도 간편하고, 더 빠르게, 더 스릴 있게 친구와 함께 공중레이싱을 즐겨보자.

가격대	3만 원대	규격	7.2x6.2x3.2cm
무게	26.4g	배터리	3.7v, 250mAh Li-Po
비행시간	약 8분	구분	입문용
카메라	미장착	특징	• 폴딩암 구조 • 3단 속도변경 • 전용허브충전

Drone Best 05   포크(FOLK)

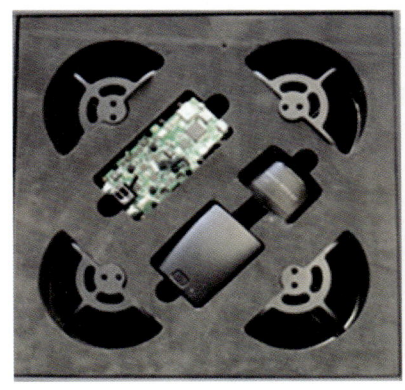
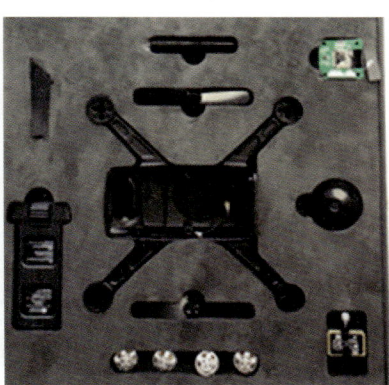

　교육 전용 드론으로 사용자가 드론을 직접 조립하며 드론의 구동원리를 자연스럽게 이해할 수 있도록 완성품이 아닌 부품으로 구성된 제품이다. 드론에 사용되는 전기 기자재를 직접 조립하며 작동 원리를 이해 할 수 있어 드론 교육용으로 적합하다. 스크레치, 파이썬 등과 같은 코딩 언어를 사용하여 드론 움직임을 제어할 수 있어 학생들의 교육 참여도가 높은 제품이다. 스마트폰 APP을 사용하여 간편한 조작이 가능하다.

가격대	18만 원대	규격	20.86x20.86x9.39cm
무게	190g	배터리	7.4V, 1,500mAh
비행시간	약 13분	구분	입문용
카메라	미장착	특징	• 브러쉬리스 모터 구동 • 스크레치 • 파이썬 코딩언어 사용 가능

STEP 01 나에게 맞는 드론 찾기

Drone Best 06　　　DJI 텔로(Tello)

　　세계적인 드론제조사 DJI에서 최초로 만든 완구형 드론이다. 기체 하부에 있는 카메라로 실내에서도 위치고정비행이 가능하다. 스크래치, 파이썬 등과 같은 언어를 사용하여 코딩하여 자동비행 프로그래밍 할 수 있다. 앱으로 조작하며 조종기는 별도로 구매 가능하다. 코딩 교육용으로 강추한다.

가격대	13만 원대	규격	9.80x9.25x4.10cm
무게	80g	배터리	3.8v, 1100mAh
비행시간	약 13분	구분	입문용
카메라	미장착	특징	• 코딩 가능 • 비전포지셔닝 • VR사용 가능

Drone Best 07　　　　　　　　**질럿X(Zealot X)**

　　DJI 베스트셀러 팬텀을 꼭 닮은 연습용 드론이다. 200만 화소 HD화질 120도 광각 카메라를 장착 모델을 옵션으로 선택이 가능하다. 스마트폰 모션비행도 가능하며 VR안경을 착용하면 하늘을 나는 기분을 만끽할 수 있다.

가격대	5~7만 원대	규격	32.5x32.5x12.0cm
무게	156g	배터리	3.7v, 650mAh
비행시간	약 6분	구분	입문용
카메라	선택장착 가능	특징	• 오토호버링 • 헤드리스모드 • 360도 회전

STEP 01　나에게 맞는 드론 찾기　　　　　　　　37

Drone Best 08 — 질럿F(Zealot F)

야외비행이 가능한 기체로 휴대성이 용이하게 암대 폴딩이 가능하다. 작아서 좋고, 편리해서 더 좋다. 입문용 드론 중 가장 쉽게 이용이 가능한 접이식 시스템 드론이다!

가격대	10만 원대	규격	41.0x41.0x60.0cm
무게	118.4g	배터리	3.7v, 900mAh
비행시간	약 9분	구분	입문용
카메라	장착가능(200만 화소)	특징	• 폴딩가능 암 • 오토호버링 • 3단계 속도 조절

Drone Best 09　　매빅미니(DJI Mavic Mini)

2019년 출시된 DJI 최신형 드론 모델이며 스마트폰만큼이나 가벼운 무게 (249g)를 자랑한다. 쉽고 직관적인 사용자 경험을 제공해 간단한 조작만으로도 영화 같은 장면을 연출 할 수 있다. 360도 프로펠러 가드 장착으로 비행안전을 강화하였다. DJI Fly 앱에는 다양한 '제작자 템플릿이 포함되어 있어 아이콘 한 번만 누르면 아름다운 영상을 만들어 낼 수 있다.' 12MP항공사진, 2.7K Quad HD영상을 지원한다. 3축 전동식 짐벌로 월등하게 뛰어난 카메라 안정성을 제공한다. 전용 조종기는 최대 2km에서 HD영상 피드를 제공한다. 충전시간은 줄어들고 비행시간은 최대 30분 비행으로 길어졌다.

가격대	40~60만 원대	규격	• 접었을 때 14.0x8.2x5.7cm • 펼쳤을 때 16.0x20.2x5.5cm
무게	249g	배터리	리튬이온 7.2V 1100mAh
비행시간	약 30분	구분	중급용
카메라	장착(12MP)	특징	• 비전포지셔닝 • 3축 짐벌 • QuickShot모드 • SNS연동

STEP 01　나에게 맞는 드론 찾기

Drone Best 10　　패롯아나피 (Parrot Anafi)

　프랑스의 감성이 묻어있는 폴더블 고성능 드론이다.

　중국산 드론이 전 세계 시장을 장악하고 있는 가운데 유일하게 선방하고 있는 드론이다. 4K HDR 카메라는 180도 회전 짐벌과 최대 2.8배 무손실 줌으로 고화질의 비디오 및 사진 촬영기능을 자랑한다. 초소형 폴딩 형태로 언제 어디서나 비행이 가능하다. 열정으로 파리에서 디자인된 드론이다.

가격대	80만 원대	규격	17.5x24.0x65.0cm
무게	320g	배터리	7.4v 2700mAh
비행시간	약 25분	구분	중급용
카메라	장착(21MP)	특징	• 4k HDR • 21MP • 180도 틸트 짐벌 • AI 추적시스템

Drone Best 11 — 매빅2프로(Mavic2 Pro)

2012년부터 지금까지 메가 히트를 기록한 DJI 팬텀시리즈를 계승한 폴딩형 고성능 드론이다. 뛰어난 휴대성의 접이식 디자인. 현존하는 소비자 드론 중 가장 긴 비행시간 31분 제공하고 고급 파일럿 보조 시스템(APAS)장착으로 앞과 뒤에 있는 장애물을 능동적으로 회피가능하며 3축짐벌 장착으로 어떤 상황에서도 부드럽고 안정적인 영상을 촬영할 수 있다. 명품 카메라 Hasselblad L1D-20c 카메라 장착으로 Hasselblad 고유의 HNCS(Hasselblad 천연색 솔루션) 기술이 적용되어 세밀하고 아름다운 컬러의 20메가 픽셀 항공사진을 구현한다. 또한, ActiveTrack2.0 장착으로 주변 환경을 3D 매핑 하여 더 뛰어난 인식 성능과 정확도를 제공하여 궤도 예측, 고속추적, 장애물 회피 비행 안전 및 편의 시스템 등 너무나도 많은 비행 보조 기능과 카메라 기능은 이제 드론에 카메라가 장착된 것이 아니라 하늘을 비행하는 카메라라는 표현이 더욱 걸맞은 드론이다.

가격대	150~200만 원대	규격	• 접었을 때 21.4x9.1x8.4cm • 폈을 때 32.2x24.2x8.4cm
무게	907g	배터리	15.4v, 3950mAh
비행시간	약 31분	구분	중급용
카메라	• 장착 • 동영상 4k 30p • 사진 5472x3648	특징	• Hasselblad L1D-20c카메라 장착 • OcuSync2.0디지털 영상전송 시스템 • 전방위 장애물 감지 • 3축 짐벌 • 다양한 촬영모드

Drone Best 12   스트라이커(Stricker2)

    2011년 최초로 드론으로 스포츠를 즐기자는 개념으로 개발된 드론스포츠 전용 드론이다. 현재까지 드론축구팀이 대한민국 전국에 400개 이상 창단되어 활동 중이며 전 세계로 수출되고 있다. 대한민국이 고안하고 전 세계가 즐기고 있는 스포츠 드론이다. 원형구는 충격에 강하고 유연하여 시합 시 기체가 부서지지 않게 보호하며 저중심 기체 설계로 기체가 바닥에서 떨어져 회전 시 항상 오뚝이처럼 위로 정지하는 기술이 적용되었다. IT, 소프트웨어 강국 대한민국의 대표 드론이다.

가격대	50~100만 원대	규격	대각선 기준 40cm
무게	1000~1200g	배터리	14.8v, 2300mAh Lipo 4S
비행시간	약 5분	구분	중급용
카메라	미장착	특징	• 원형보호구 • 고도 유지 • 경기전용 드론

Drone Best 13 — 인스파이어 2(DJI INSPIRE 2)

전문 항공 촬영 기체로 국내에서 상당한 인기와 판매기록을 이룬 제품이다. 스마트폰 어플리케이션으로 세팅이 가능하고, 뛰어난 비행성과 흔들림 없는 짐벌시스템, 고화질의 4K 카메라를 탑재해 선명한 영상 촬영이 가능한 모델이다. 렌즈의 탈부착으로 사용자의 렌즈선택도 가능하고, GPS와 기압계, 지자계센서가 장착돼 있을 뿐만 아니라 비전포지셔닝 기능으로 안전한 비행을 할 수 있다. 듀얼조종기로 고화질의 영상 촬영을 할 수 있고 매빅2프로와 동일하게 비행금지구역 설정 기능으로 있어 금지구역에서의 비행이 불가하다.

가격대	400~700만 원대	규격	대각선거리(프로펠러제외) 60.5cm(착륙모드)
무게	3290g	배터리	22.8v 4280mAh Lipo 6S(지능형)
비행시간	약 27분	구분	상급용
카메라	장착(젠뮤즈X5S 카메라 20.8MP, 동영상 5.2K)	특징	• 라이트 브릿지2 기술을 통한 HD1080P 영상송수신 가능 • GPS 및 비전포지셔닝을 통한 안정된 비행 • 착탈식 3축 짐벌시스템을 통한 안정적인 영상 촬영 • 6축 자이로, DJI GO4 APP을 통한 손쉬운 컨트롤 • 리턴홈 기능 • 다양한 비행모드 설정 • 듀얼 조종기 기능 • 360도 회전 촬영 가능 • 높은 출력으로 바람의 영향을 덜 받음

Drone Best 14 — 매트리스 210V2(DJI MATRICE 210 V2)

　산업용 드론으로 최고의 플랫폼을 만나보자. 견고한 디자인과 간편한 설정성의 결합이 다양한 산업 응용 솔루션으로 작동한다. 개선된 M210 시리즈 V2는 인텔리전트 제어 시스템과 비행 성능이 강화되었으며, 비행 안전과 데이터 보안 기능이 추가되었다. 비행제어, 추진시스템, GPS, OcuSync 2.0 IP43방수 기능 등 자동비행에 필요한 모든 작업을 수행해 사용자가 편리하게 운영할 수 있다. 전방 장애물 회피가 가능해 상업적 목적으로 유용하게 사용할 수 있는 드론이다!

가격대	1,000~2,000만 원대	규격	• 883×886×398 mm (폈을 때, 프로펠러 및 랜딩 기어 포함) • 722×247×242 mm (접었을 때, 프로펠러 및 랜딩 기어 제외)
무게	4069g (TB55 배터리 2개 포함)	배터리	22.8v 7660mAh Lipo 6S(지능형)
비행시간	• 38분 (탑재 하중 없을 경우) • 24분 (이륙 무게: 6.14 kg)	구분	상급용
카메라	장착가능 (젠뮤즈X5S 카메라, 젠뮤즈 Z30, 젠뮤즈XT2(열화상)	특징	• 경량프레임 사용으로 무게가 가볍고 자체 발열 배터리로 장착 가능 • 열화상 카메라 및 30배 줌 카메라 장착 가능 • RTK 장착 시 산업군에서 정밀한 호버링 및 안정성 강화

Drone Best 15 — 매트리스 600(DJI MATRICE 600 PRO)

DJI 제품군 중 DSLR 카메라를 장착할 수 있는 날개가 6개 달린 헥사콥터 드론이다. RONIN-MX 짐벌에 최대 4kg까지 카메라 장착이 가능해 고화질의 영상 촬영이 가능하고, A3 Pro 비행 컨트롤러와 3개의 GPS 안테나 라이트브릿지2 영상 전송시스템의 탑재로 매우 안정적인 비행이 가능하며, 최대 15kg의 무게까지 비행할 수 있다.

가격대	600만 원대	규격	대각선 기준 113cm
무게	9500g	배터리	6개 1세트 포함

비행 시간	• TB47S 배터리 6개 탑재 시
	  탑재하중 0kg : 32분
	  탑재하중 6kg : 16분
	• TB48S 배터리 6개 탑재 시
	  탑재하중 0kg : 38분
	  탑재하중 5.5kg : 18분
		구분	상급용

카메라	장착가능 (Canon 5D, ARRI ALEXA MINI, SONY A7)	특징	• 6개의 프로펠러 장착으로 안전한 비행이 가능 • 이동이 간편한 폴딩암 시스템 • 탈착식 센터보드로 다양한 부품 장착 가능 • 최대 15kg의 중량까지 장착 가능

STEP 01 나에게 맞는 드론 찾기

🚁 드론이 주는 즐거움을 말하다 I

드론을 통해 이룬 하늘에 대한 짝사랑을 가족과 나누고 싶어요!

"몇 해 전, 4대강 유역을 카메라에 담기 위해 '세스나(Cessna)기'에 몸을 싣고 낙동강 유역을 비행한 적이 있습니다. 허파로 직행하는 창공의 차가운 공기는 '내가 진짜로 하늘을 날고 있구나'하는 생각을 들게 하기에 충분했고, 난기류를 온몸으로 느낄 때의 짜릿함은 지금도 잊을 수 없는 놀라운 경험이었습니다. 이후 일을 핑계로 드론을 샀습니다. 네 개의 프로펠러가 짝을 이뤄 상당한 화음을 자랑하는 드론은 제가 이루지 못했던 꿈인 '파일럿'에 대한 완벽한 대리만족이자, 인생 최고의 장난감으로 자리 잡았습니다. 게다가 사진을 업으로 삼는 이에게 드론 운용이 필수가 된 지금, 누구도 저에게 다 큰 어른이 장난감 가지고 놀고 있다며 지적하지 않기에 눈치를 볼 일도 없습니다. 집이나 사무실에서 드론을 날리면 '연습'이고, 취재현장에서 날리면 '업무'가 됐습니다.

최근 아내에게 뱃속에서 힘차게 발길질을 해대고 있는 아들 '만두'의 태교를 위한 손바닥만 한 드론을 쥐여줬습니다. 평소 제가 드론을 날리면 옆에서 구경만 하던 아내가 곧잘 재미 붙여 날리는 것을 보니 하늘을 향한 인간의 꿈은 누구나 품을 수 있는 본능이라는 생각이 들었습니다. 그리고 문득 늘 꿈꿔왔던 하늘에 대한 짝사랑을 2대(代)를 이어나갈 수 있을지 궁금해졌습니다."

– 동아일보 양회성 편집국 사진부 기자

🚁 드론이 주는 즐거움을 말하다 2

나는야 '드론 전도사'

저는 레저 스포츠를 업으로 27년이라는 세월을 뛰어다녔습니다. 하지만 남는 것은 허무함뿐이었습니다. 스마트 시대에 접어들면서 레저 스포츠 시장은 하루가 다르게 변화해갔습니다. 자고 일어나면 하루아침에도 새로운 레저 스포츠가 생겨나는 빠른 흐름 속에서 항상 새로운 레저를 배우고 또 배워야 했습니다. 그런 생활에 부담을 느낀 나머지 꾸준히 할 수 있는 운동인 골프를 시작했고, 프로 생활을 하던 중 드론을 만나게 됐습니다. 필드에서 회원을 지도하려는 방안의 하나로 드론 비행을 배우면서 제 인생에는 새로운 세상이 펼쳐졌습니다.

드론과 지금껏 배워온 레저 스포츠를 접목해보니 또 다른 레저 사업이 창출됐습니다. 드론으로 골프회원들의 레슨 동영상을 촬영하면서 레슨의 질이 높아졌고, 단체 레저에서는 일반인은 상상도 할 수 없는 영화 같은 장면을 추억에 담을 수 있게 됐습니다. 이후 저는 일명 '드론 전도사'가 됐습니다. 그렇게 생각을 바꾸니 더 많은 기회가 자연스럽게 찾아왔습니다. 대구 경북에 있는 대경대학교에 개설된 드론학과에서 학생들에게 드론을 가르치면서 대학교수의 길을 걷게 된 것 역시 드론이 저에게 준 최고의 선물이 아닐 수 없습니다.

― 거제대학교 박재홍 교수

DRONE BASIC MANUAL

'아는 만큼 들리고, 아는 만큼 보인다'는 말이 있다. 드론 입문에 있어 드론을 완전히 이해하고, 기체 구석구석의 명칭과 기능을 파악하는 것은 굉장히 중요한 절차다. 특히 비행 중 발생할 수 있는 돌발 상황에 신속하게 대처할 수 있는 능력은 조종자가 얼마나 자신의 드론을 이해하고, 파악하고 있느냐에 달려있다고 해도 과언이 아니다. 따라서 드론을 통해 새로운 세상을 만나고 싶다면, 첫 드론 비행에 도전하기 전에 반드시 충분한 공부와 연습이 필요하다.

Part 01

드론입문기초
드론, 새로운 세상을 만나다

Chapter 01
드론이란

Chapter 02
드론 조종법

Chapter 03
드론 입문자가 꼭 알아야 할 필수사항

D
R
O
N
E

Chapter 01

드론이란

[
01. 드론의 정의 · 비행 원리
02. 드론 완전 해부
]

01 드론의 정의 · 비행 원리

드론의 정의

**드론은
자동 또는 원격 비행이
가능한 무인항공기이다**

드론(Drone)을 한마디로 정리하면 '무인비행기'를 뜻한다. 사전적인 의미로는 '벌이 왱왱거리는 소리' 또는 '낮게 윙윙거리는 소리'를 말한다. 또한, 기체에 사람이 타지 않고 지상에서 원격 조종한다는 점에서 '무인항공기'라는 표현을 쓰기도 한다. 이러한 여러 가지 정의를 요약해 설명하면 드론은 항공기의 일종으로 조종사가 탑승하지 않고, 자동 또는 원격으로 비행이 가능한 '무인항공기'를 의미한다.

독일 DHL의 택배용 드론 Parcelcopter   [출처 : DHL 웹사이트]

드론의 비행 원리

**드론이
하늘을 나는 힘든
양력·중력·추력·
항력·외력이다**

드론은 날개의 형태에 따라 비행기인 고정익기와 헬리콥터인 회전익기로 나뉜다. 또한 회전익기를 분류할 때 3개 이상의 프로펠러를 가진 기체를 모두 멀티콥터라고 한다. 멀티콥터는 프로펠러의 숫자에 따라 트라이콥터(3개), 쿼드콥터(4개), 헥사콥터(6개), 옥타콥터(8개) 등으로 구분된다.

여기서 우리가 흔히 알고 있는 드론의 대명사로 손꼽히는 DJI의 매빅, 레이싱 드론 등은 프로펠러가 4개인 형태의 기체로 쿼드콥터(쿼드=4개, 콥터=프로펠러)에 해당한다. 쿼드콥터가 비행할 때 작용하는 힘은 양력, 중력, 추력, 항력, 외력이다. 대각선으로 마주 보고 있는 프로펠러가 쌍을 이뤄 같은 방향으로 돌아가고, 이 2쌍의 프로펠러가 서로 다른 방향으로 돌아가는 힘이 기체에 작용해 중력을 이기며 하늘로 떠오르는 원리이다. 이 때 프로펠러의 회전 속도만으로 비교적 손쉽게 방향을 바꿀 수 있기 때문에 자유로운 비행이 가능하다.

상급자용 쿼드콥터 인스파이어 2(DJI INSPIRE 2)

【 드론이 하늘을 날게 하는 5가지 힘 】

① 양력 : 드론의 모터와 프로펠러에 의한 작용으로 공중에 떠 있게 하는 힘

② 중력 : 지구가 잡아당기는 힘

③ 추력 : 기체가 기울어짐으로써 해당 방향으로 추진력을 주는 힘

④ 항력 : 공기와 기체의 마찰로 추력을 방해하는 힘

⑤ 외력 : 외부의 영향으로 인한 항력의 힘(바람, 눈, 비, 먼지 등)

【 쿼드콥터 프로펠러 방향 】

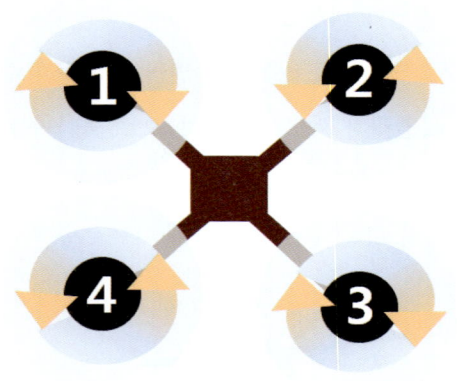

▶ 1번 · 3번 – 시계방향 Clockwise(CW)
▶ 2번 · 4번 – 반시계방향 Counterclockwise(CCW)

쿼드콥터는 4개의 프로펠러가 고속으로 회전하면 제자리에서 상승하고, 저속으로 회전하면 하강하며, 진행하고자 하는 방향의 프로펠러의 회전 속도를 줄이면 기체가 그 방향으로 기울어지면서 기울어진 방향으로 이동한다.

【기체 방향 전환】

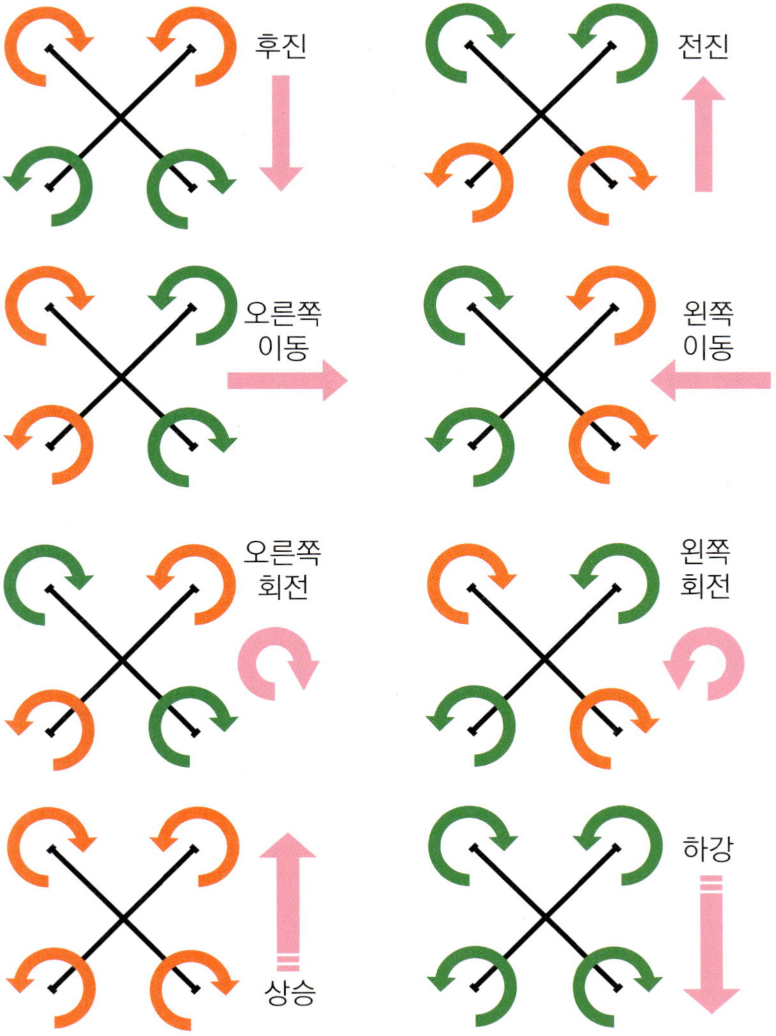

▶ 빨간색 프로펠러 표시는 고속회전

| 고속 | 저속 |

02 드론 완전 해부

먼저, 드론 기체의 명칭과 기능을 이해하고 파악하라

'아는 만큼 들리고, 아는 만큼 보인다'라는 말이 있다. 드론 입문에 있어 드론을 완전히 이해하고 기체 구석구석의 명칭과 기능을 파악하는 것은 무엇보다 중요한 절차라고 할 수 있다. 특히 비행 중 발생할 수 있는 돌발 상황에 신속하게 대처할 수 있는 능력은 조종자가 얼마나 자신의 드론을 이해하고 파악하고 있느냐에 달려있다고 해도 과언이 아니다. 물론 제품마다 기체의 특징이 다르지만, 드론을 구입했을 때 가장 먼저 사용설명서에 나와 있는 기체의 각 부분 명칭과 기능을 알아두는 것이 첫 비행의 성패를 판가름할 수 있다. 이러한 사실을 기억하면서 가장 대표적인 입문용 드론과 중급용 드론으로 손꼽히는 두 제품의 각 부분별 명칭을 자세히 알아보자.

| 입문용 드론 | 드론팡 : 질럿 F(Zealot F) |

드론팡과 질럿F는 국내에서 상당한 판매를 이룬 제품으로 뛰어난 비행성으로 드론 입문자들이 가장 많이 찾는 기종 중 하나이다. 질럿F는 스마트폰 애플리케이션을 이용해 실시간 모니터링이 가능하고, 사진과 동영상 촬영 등 간단한 조작이 가능하다. 드론팡은 원형골대를 통과하며 경기를 즐기는 스포츠 드론이다.

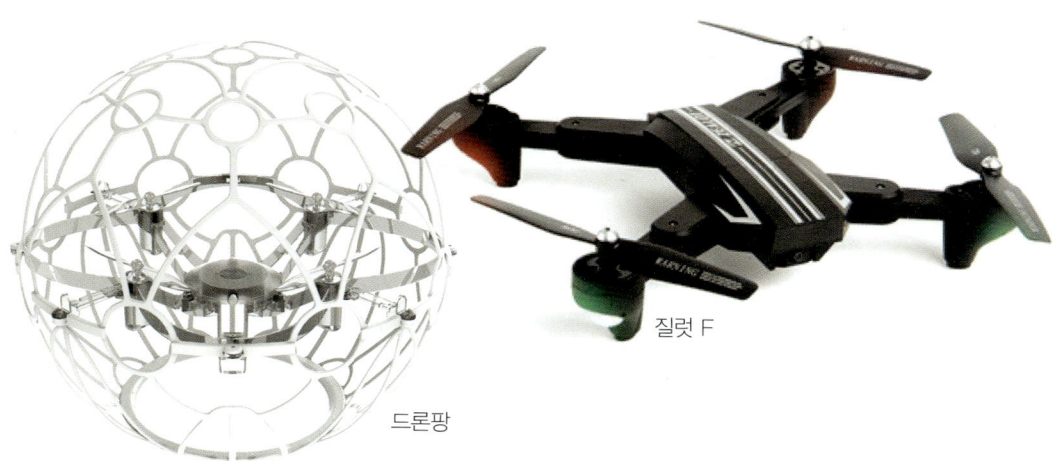

드론팡

질럿 F

구 분	드론팡	질럿 F
무 게	79.5g	118.4g
배터리용량	7.4V 450mAh 리튬플리머	3.7V 900mAh 리튬플리머
충전시간	약 50분	약 50분
비행시간	약 5분	약 9분
송수신거리	약 50m	약 100m
카메라화질 및 방식	없음	200만 화소 / 120도 화각 * Wi-Fi 를 이용한 실시간 모니터링 가능
가 격	98,000원	91,000원

Part 01 드론입문기초 드론, 새로운 세상을 만나다

입문용 드론   질럿 F : 전·후면 각 부분 명칭

프로펠러A
시계방향
CW

프로펠러B
반시계방향
CW

Wifi 카메라
스마트폰을 이용한 실시간 모니터링이 가능한
1080p 화질을 제공.(질럿-F Pro)

900mAh Li-Po 배터리
비행시간 약 9분

입문용 드론　　**질럿 F : 상·하면 각 부분 명칭**

접이식 암(Arm)

프로펠러 가드

전면 led

방형표시 LED 라이트

마이크로 SD카드 슬롯

마이크로 SD카드 슬롯

Part 01 드론입문기초 드론, 새로운 세상을 만나다　　　　　59

입문용 드론　　질럿 F : 조정기 각 부분 명칭

입문용 드론   **질럿 F : 조정기 조작방법**

스로틀 키 조작(모드2 기준)
− 기체의 상승, 하강을 조종합니다.

 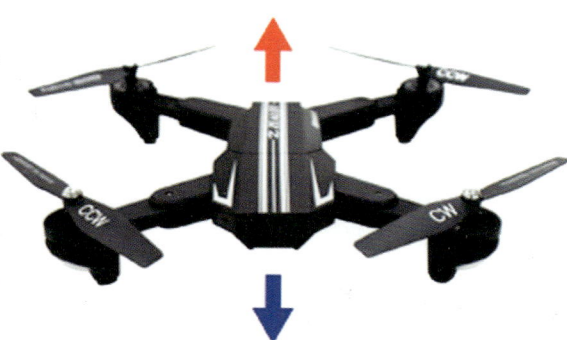

엘리베이터 키 조작(모드2 기준)
− 기체의 전진, 후진을 조종합니다.

 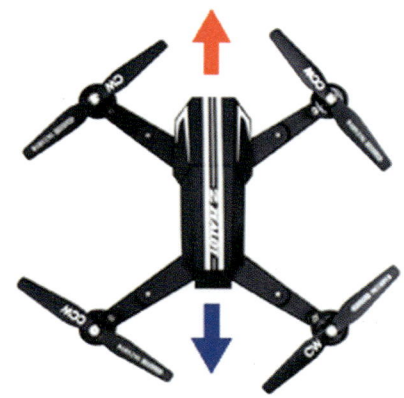

입문용 드론   질럿 F : 조정기 조작방법

리터 키 조작(모드2 기준)
- 기체의 전진, 후진을 조종합니다.

에일러론 키 조작(모드2 기준)
- 기체의 좌, 우 수평이동을 조종합니다.

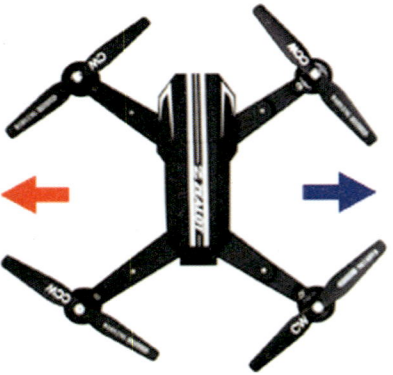

중급용 드론 1 — 매빅미니(Mavic Mini)

전 세계 드론 시장의 70%를 점유하고 있는 DJI사의 최신 제품으로 고성능의 기능을 탑재하고 있을 뿐만 아니라 대중적인 가격으로 출시된 항공촬영용 모델이다. 2.7K의 고화질 영상을 촬영할 수 있으며, 선명하고 깨끗한 1,200만 화소(4000x3000픽셀)의 사진을 얻을 수 있다. 또한, DJI 조종기를 활용해 2km 거리에서도 영상송수신이 가능하고, 비전 포지셔닝 시스템을 이용해 GPS를 사용할 수 없는 곳에서도 위치와 고도를 유지해 안정된 비행을 도와준다.

[매빅시리즈 비교표]

구분	매빅미니	매빅2프로	매빅2줌
무게	249g	907g	905g
배터리용량	1100mAh	3850mAh	3850mAh
비행시간	약 30분	약 29분	약 29분
비행거리	2,000m	5,000m	5,000m
렌즈	F 2.8 / FOV 85도 / 24mm	F 2.8 / FOV 77도 / 35mm	F 2.8/FOV 약83도, 약48도/24~48mm
이미지촬영	1200만 화소 (4000×3000 픽셀)	2000만 화소 (5472×3648)	1200만 화소 (4000×3000 픽셀)
비디오촬영	UHD : 2.7K 2704×1530p (25/30) FHD : 1920×1080p (24/25/30p)	4K : 3840×2160p (24/25/30) UHD:2.7K,2688×1512p (24/25/30/48/50/60p) FHD : 1920×1080p (24/25/30/48/50/60/120p)	4K : 3840×2160p (24/25/30) UHD:2.7K,2688×1512p (24/25/30/48/50/60p) FHD : 1920×1080p (24/25/30/48/50/60/120p)
충돌회피장치	없음	있음	있음
줌기능	없음	없음	있음
가 격	485,000원	1,890,000원	1,560,000원

※ 주의 : 비행거리는 비행 주변 여건 및 환경에 따라 차이가 발생합니다.

중급용 드론 1   매빅미니 – 전·후면 각 부분 명칭

모터

프로펠러
시계 방향

프로펠러
반시계 방향

프로펠러
시계 방향

3축
기계식 짐벌

카메라
F2.8 / FOV 85도/24mm
UHD : 2.7K
2704×1530P(25/30)
FHD : 1920×1080P
(24/25/30P)

프로펠러
반시계 방향

인텔리전트 플라이트 배터리
리튬이온 2400mAh

랜딩기어 & 안테나   랜딩기어 & 안테나

중급용 드론 1   매빅미니 – 상·하면 각 부분 명칭

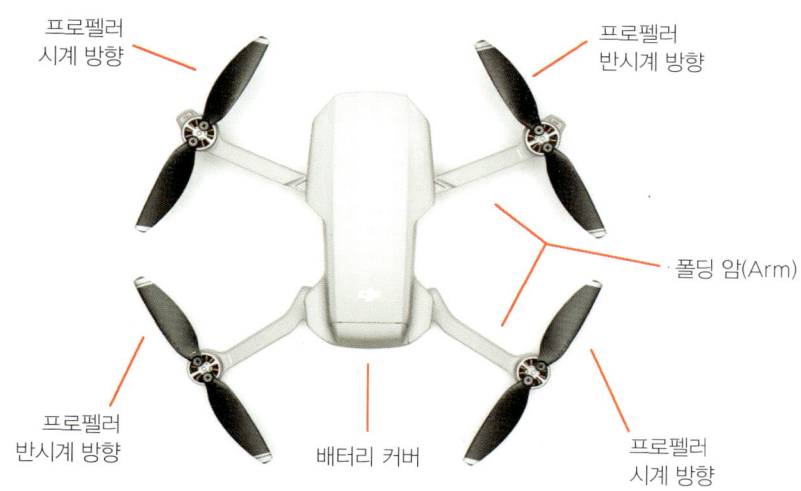

프로펠러 시계 방향
프로펠러 반시계 방향
폴딩 암(Arm)
프로펠러 반시계 방향
배터리 커버
프로펠러 시계 방향

렌딩기어 & 안테나
배터리 잔량
전원
비전센서
기체 상태표시 LED

중급용 드론 1 — 매빅미니 - 카메라 각 부분 명칭

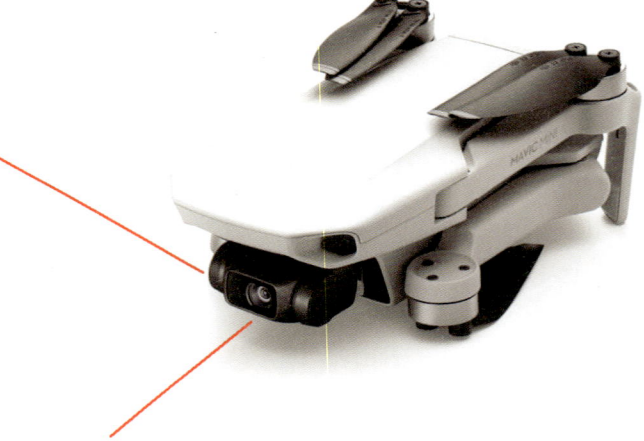

3축 기계식 짐벌
틸트 : -110° ~ 35°
롤 : -35° ~ 35°

카메라
F 2.8 / FOV 85도 /24mm
1200만 화소(4000×3000 픽셀)
UHD : 2.7K
2704×1530(25/30)
FHD : 1920×1080p
(24/25/30p)

중급용 드론 1 — 매빅미니 - 조정기 전·후면 각 부분 명칭

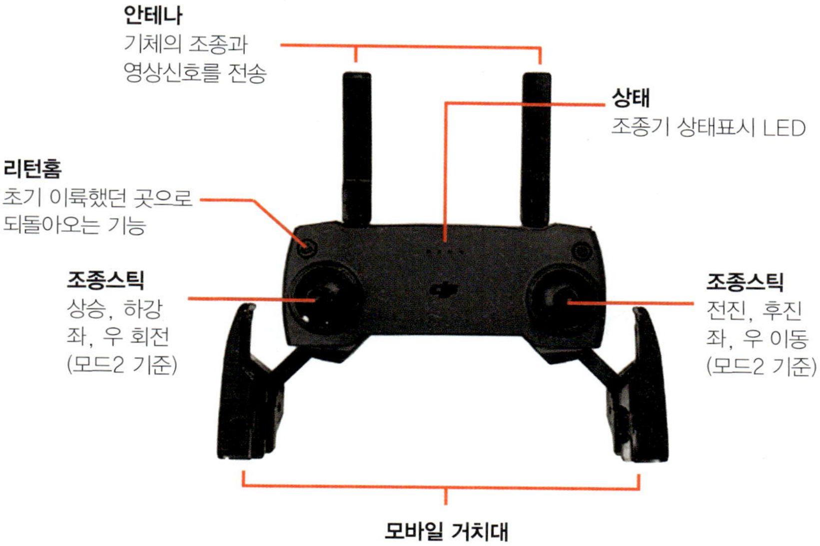

안테나
기체의 조종과 영상신호를 전송

상태
조종기 상태표시 LED

리턴홈
초기 이륙했던 곳으로 되돌아오는 기능

조종스틱
상승, 하강
좌, 우 회전
(모드2 기준)

조종스틱
전진, 후진
좌, 우 이동
(모드2 기준)

모바일 거치대

사진촬영

영상촬영

틸트 휠

Part 01 드론입문기초 드론, 새로운 세상을 만나다

67

중급용 드론 1   매빅미니 – 조정기 각 부분 명칭

영상촬영

틸트 휠   5핀 커넥터

사진촬영

중급용 드론 1   매빅미니 – 조정기 조작방법

에일러론 키 조작(모드2 기준)
- 기체의 좌, 우, 수평이동을 조종합니다.

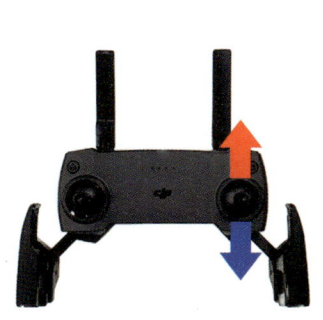

엘리베이터 키 조작(모드2 기준)
- 기체의 전진, 후진을 조종합니다.

중급용 드론 1 　　매빅미니 - 조정기 조작방법

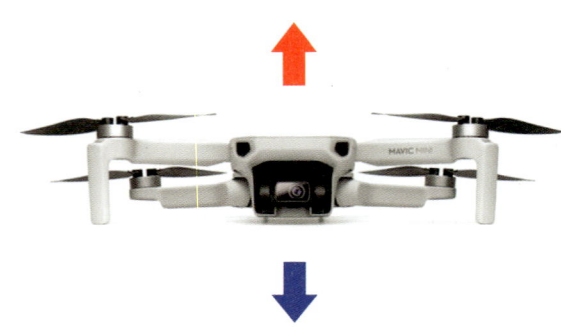

스로틀 키 조작(모드2 기준)
- 기체의 상승, 하강을 조종합니다.

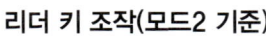

리더 키 조작(모드2 기준)
- 기체를 좌, 우로 회전시킵니다.

DJI의 매빅2 프로

D
R
O
N
E

Chapter 02

드론 조종법

01. 드론 기초용어 정리
02. 드론 조종법
03. 조종기·송신기 이해
04. 드론 주요 부품
05. 다양한 드론 조종법
06. 드론 항공촬영 시스템

01 드론 기초용어 정리

드론의 부품, 조종, 기동 등의 관련 기초용어를 숙지하라

드론 비행을 시작하게 전에 반드시 숙지해야 하는 것이 부품, 조종, 기동 관련 기초용어들이다. 드론의 이륙부터 안전한 비행, 착륙까지의 과정에서 빈번하게 쓰이는 용어들이므로 정확한 명칭과 그 의미를 잘 파악해두는 것이 좋다. 참고로 드론 조종기는 모드1~4로 구분되는데 상승하강 조작키의 위치에 따라 왼쪽 스로틀 조종방식인 모드2(mode2), 오른쪽 스로틀 조종방식인 모드가 있다. 지금부터 설명하는 용어들과 조종법은 모드2(mode2)를 기준으로 설명한 것이다.

74 　　　　　　　　　　　　　　　　　　　　　　드론, 새로운 세상을 만나다

【 드론의 부품, 조종, 기동 등의 관련 기초용어를 숙지하라 】

- ▶ **가시선** : 조종사가 비행하는 기체를 볼 수 있는 거리
- ▶ **FPV** : 1인칭 시점 영상
- ▶ **송신기/무선 조종기** : 손으로 조작이 가능하고 기체의 비행과 세팅을 조정
- ▶ **프로펠러** : 조종사의 수동 조종에 따라 회전
- ▶ **카메라** : 기체에 내장돼 있거나 조종사가 장착할 수 있는 사진 및 동영상 촬영 기기
- ▶ **에일러론** : 오른쪽 스틱을 왼쪽, 오른쪽으로 밀면 작동하고, 원하는 방향으로 기체가 기울어짐
- ▶ **엘리베이터** : 오른쪽 스틱을 앞, 뒤로 밀면 작동하고, 기체가 전방이나 후방으로 이동함
- ▶ **러더** : 왼쪽 스틱을 좌우로 밀면 작동하고, 기체를 좌우로 회전시킴
- ▶ **스로틀** : 왼쪽 스틱을 앞뒤로 밀면 작동하고, 기체의 고도가 높아지거나 낮아짐
- ▶ **트림** : 조종기 버튼으로 에일러론, 엘리베이터, 러더, 스로틀이 밸런스가 맞지 않을 때 조정해줌
- ▶ **뱅크턴** : 시계방향이나 시계반대방향으로 원형 선회 비행
- ▶ **호버링** : 공중에서 좌우앞뒤로 움직이지 않고 제자리에서 머무르는 비행
- ▶ **피규어 8** : 8자 모양 비행
- ▶ **매뉴얼** : 에일러론으로 기체를 좌우로 기울게 만든 뒤, 스틱을 중앙에 놓아도 원래 포지션으로 돌아가지 않는 비행 모드
- ▶ **애티튜드(자세) 오토-레벨(자동 수평)** : 스틱이 중앙에 오면, 기체가 자동으로 고도만 유지하는 비행 모드
- ▶ **GPS 홀드** : 스틱이 중앙에 오면, GPS에 의해 기체가 자세와 위치를 유지하는 비행 모드

02 드론 조종법

기체를 움직이는 상호작용을 이해해야 비행의 즐거움을 제대로 느낄 수 있다

비행을 처음 배울 때 가장 중요한 것 중 하나는 기체를 움직이게 하는 각 요소들이 어떤 방식으로 서로 상호작용을 하는지를 이해하는 것이다. 그런 다음 스틱을 세게 밀면 빠르게 움직이고, 느리게 밀면 느리게 움직이는 기체의 특성을 컨트롤 하다 보면 자연스럽게 비행의 즐거움을 느낄 수 있다. 단, 최초 비행을 시도할 때는 조종 컨트롤이 몸에 배어있지 않은 상태이기 때문에 스틱을 부드럽게 밀어야 한다.

아래는 4가지(에일러론, 엘리베이터, 러더, 스로틀) 주요 드론 컨트롤이다.

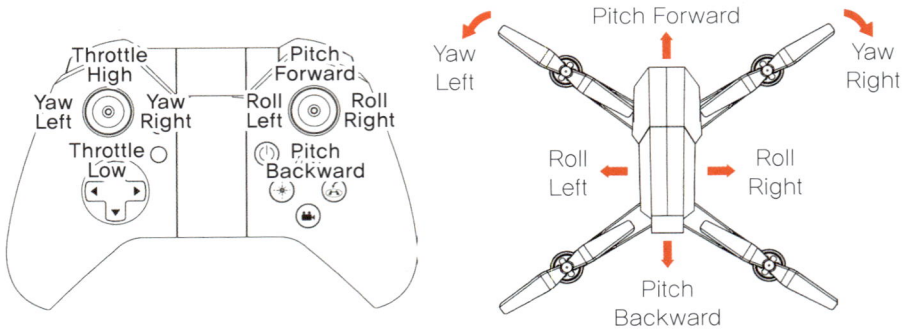

76　　　　　　　　　　　　　　　　　　　　　　　　드론, 새로운 세상을 만나다

【 4가지(에일러론, 엘리베이터, 러더, 스로틀) 드론 컨트롤 】

에일러론(Aileron)

에일러론은 기체를 왼쪽이나 오른쪽으로 움직이게 하고, 송신기의 오른쪽 스틱을 좌우로 미는 것으로 작동한다. 예를 들어, 조종사가 오른쪽 스틱을 오른쪽으로 밀면 기체는 오른쪽 대각선아래 각도로 기울어지고, 조종사가 오른쪽 스틱을 왼쪽으로 밀면 기체는 왼쪽 대각선 아래 각도로 기울어진다.

엘리베이터(Elevator)

엘리베이터는 송신기의 오른쪽 스틱을 앞이나 뒤로 미는 것으로 작동한다. 이 컨트롤을 사용하면 기체는 앞·뒤로 기울어지면서 전방이나 후방으로 움직인다.

러더(Rudder)

러더는 기체를 시계방향이나 반시계방향으로 회전하게 만들고, 왼쪽 스틱을 좌·우로 미는 것으로 작동한다. 일반적으로 비행 중 스로틀과 동시에 사용되며, 조종사가 선회 비행을 할 수 있도록 해준다. 또한 촬영기사나 사진작가들이 목표를 따라가도록 방향을 틀어주는 역할로도 활용된다.

스로틀(Throttle)

스로틀은 공중에서 기체에 달린 프로펠러에 충분한 동력을 주는 것을 말한다. 비행 중에는 끊임없이 스로틀을 움직이게 된다. 스로틀을 높일 때는 왼쪽 스틱을 앞으로 밀고, 스로틀을 줄일 때는 왼쪽 스틱을 뒤로 당기면 된다.

03 조종기 · 송신기에 대한 이해

조종사가 스틱으로 기체를 조종하면, 송신기는 기체에 신호를 보낸다

송신기는 손으로 들 수 있는 컨트롤러로 기체가 비행할 수 있도록 조종하는 기기이다. 조종사가 스틱으로 기체를 조종하면 송신기가 기체에 이제 어떤 비행을 해야 하는지 신호를 보내준다. 송신기는 기체의 종류에 따라 모양과 크기가 다르고, 기능도 다르다. 하지만 공통적인 기능을 가진 부분들도 존재한다.

조종방식에는 모드1부터 모드4까지 다양한 방식이 존재하는데 모드1(mode1)과 모드2(mode2)가 대세로 사용되고 있다. 조종 모드의 차이는 크게 스로틀(상승, 하강)스틱이 오른쪽(모드1)에 위치하느냐 왼쪽(모드2)에 있느냐로 나눌 수 있다. 우리나라는 취미용품의 보급이 일본에서 비롯된 것이 많아 모드1 방식을 주로 사용하였으나 유럽과 미국 등 서구 지역에서는 모드2를 주로 사용하였다. 근래에는 대다수의 드론에 고도유지 장치가 기본으로 장착되어 있어 고도유지를 스틱을 이용하여 매번 조정할 필요가 없고 기체 회전을 많이 하지 않는 추세라 모드2와 같이 전 · 후진, 좌우 움직임을 우측 스틱 하나로 작동할 수 있는 방식이 선호되고 있다. 조종 모드는 아래의 그림을 참조한다.

【 주요 드론 컨트롤(팬텀 3 - Mode2 기준) 】

에일러론 키 조작(모드2 기준)
- 기체의 좌, 우 수평이동을 조종합니다.

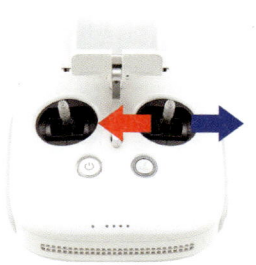 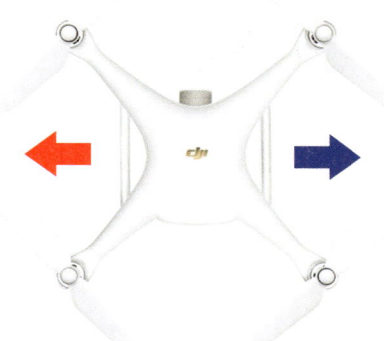

엘리베이터 키 조작(모드2 기준)
- 기체의 전진, 후진을 조종합니다.

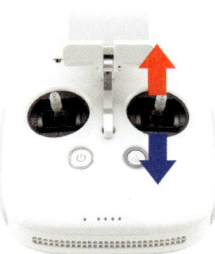 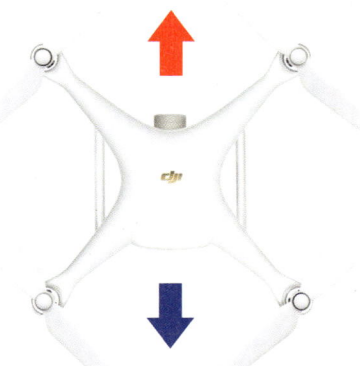

스로틀 키 조작(모드2 기준)
- 기체의 상승, 하강을 조종합니다.

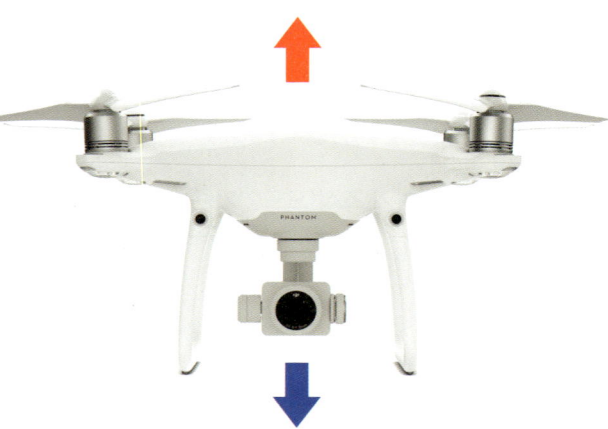

리더 키 조작(모드2 기준)
- 기체를 좌, 우로 회전시킵니다.

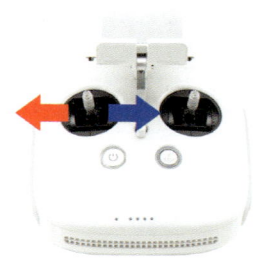
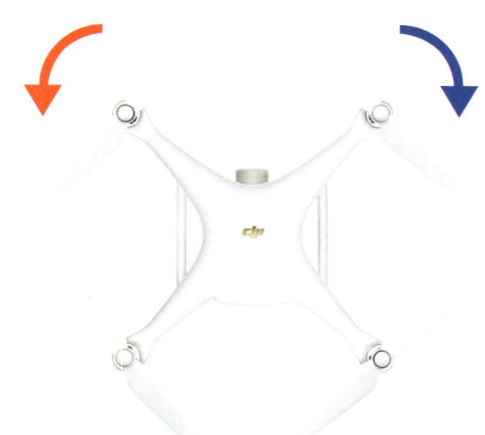

【 Mode2 】

조종기 위치별 명칭 및 기능

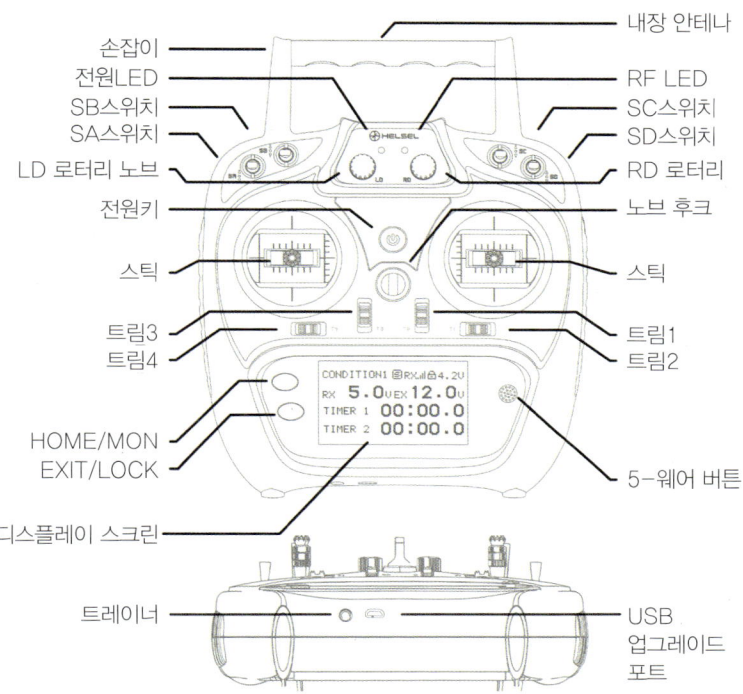

▎오른쪽 스틱(모드2 기준)

오른쪽 스틱은 에일러론과 엘리베이터를 조종한다. 기체를 앞, 뒤, 좌, 우로 움직이게 한다.

▎왼쪽 스틱(모드2 기준)

왼쪽 스틱은 러너와 스로틀을 조종한다. 기체를 시계방향이나 반시계방향으로 회전시키거나 비행 고도를 조절해준다.

트림 버튼

각각의 컨트롤에는 트림 버튼이 있다. 컨트롤 간에 밸런스가 맞춰지지 않았을 때, 트림 버튼을 이용해 조종하면 자연스럽게 밸런스를 맞출 수 있다.

> 프레임 / 모터 / 전자 속도 제어기(ECS) / 비행 제어판(FCB)
> 무선 송신 및 수신기 / 프로펠러 / 배터리와 충전기

우버와 제휴한 현대자동차 "플라잉카 드론" 컨셉 [출처: 우버에어 홈페이지]

04 드론의 주요 부품

　드론 비행을 배울 때, 기체에 대한 이해는 무엇보다 중요한 요소이다. 기체의 주요 부품들이 안정적인 비행에 어떤 영향을 미치고, 또 어떻게 작용하는지 이해하는 과정이 필요하다.
　다음은 드론의 주요 부품들이다.

▎프레임
모든 구성요소를 연결한다.

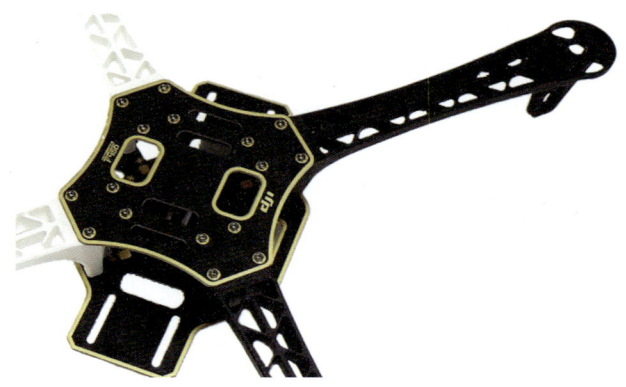

모터

프로펠러를 회전시킨다. 쿼드콥터의 경우 총 4개의 모터를 필요로 하는데, 그 이유는 모터 1개당 1개의 프로펠러에 힘을 전달하기 때문이다.

전자 속도 제어기(ESC)

모터와 배터리를 연결하는 유선의 구성요소이다. 모터가 얼마나 빠르게 회전해야 하는지 신호를 전달한다. 또한 각각의 모터는 서로 다른 속도로 회전할 수 있고, 회전 속도에 따라 기체는 움직이는 방향을 바꿀 수 있다.

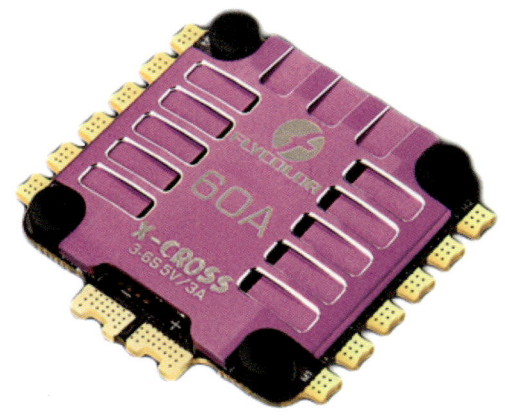

▌ 비행 제어 보드(FC)

각각의 모터를 제어하는 가속도계와 자이로스코프를 조정한다.

▌ 무선 송신기(송신기)

무선 조종기로 기체에 달린 안테나인 수신기(리시버)와 대화를 하는 것이다. 조종사가 송신기로 기체를 조정하면, 수신기는 그 조종이 의미하는 것을 받아들여 기체에 전달한다.

▍프로펠러

쿼드콥터는 4개의 프로펠러가 장착돼 있다. 각각의 프로펠러는 기체가 어느 방향으로 비행해야 하는지 결정하거나, 혹은 제자리에서 호버링해야 하는지를 결정한다.

▍배터리

기체를 움직이게 하는 힘의 원천이다. 비행 때마다 충전이 필요하며, 배터리 없이는 비행이 불가능하다.

충전기

배터리를 충전시켜주는 기기이다. 배터리 없이는 비행이 불가능하다.

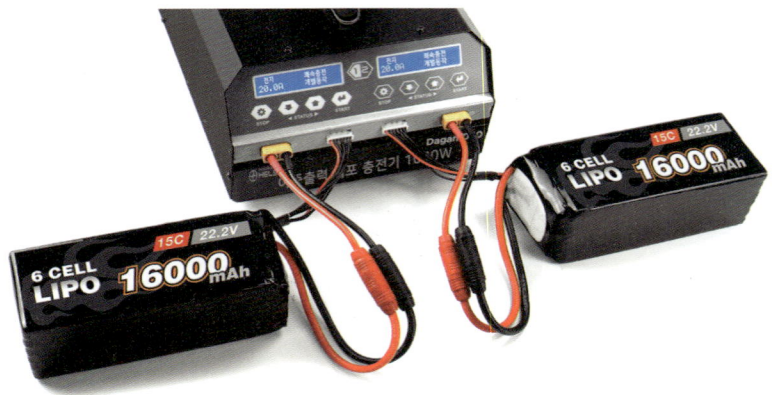

DJI Digital FPV ecosystem　　　　[출처: i-micronews]

05 다양한 드론 조종법

이륙 · 착륙 방법

먼저 기체를 공중으로 띄우기 위해 필요한 조종법은 스로틀이다. 왼쪽 스틱(스로틀)을 아주 천천히 위로 올려본다. 프로펠러가 움직일 정도까지만 왼쪽 스틱(스로틀)을 위로 올린 후 멈춘다. 이러한 과정을 왼쪽 스틱(스로틀)의 민감도에 익숙해질 때까지 반복한다. 그런 다음 왼쪽 스틱(스로틀)을 올려 기체를 이륙시키고, 다시 왼쪽 스틱(스로틀)을 완전히 내려 기체를 착륙하는 과정을 연습한다.

공중에서 호버링하는 방법

스로틀을 이용해 기체를 상승 시킨 후 일정한 고도를 유지한다. 왼쪽 스틱(스로틀)을 이용해 고도를 유지하고, 동시에 전·후, 좌·우 이동이 되지 않도록 조종한다. 오른쪽 스틱(엘리베이터, 에일러론)과 왼쪽 스틱(러더)을 이용해 전, 후, 좌, 우 회전이동되지 않도록 조종한다.

이런 과정을 통해 기체가 공중에서 정지상태에 있는 것을 '호버링'이라고 부르며, 호버링이 익숙해 질 때까지 반복한다. 호버링을 연습할 때 높이는 무릎 이하(30~50cm)가 적당하며, 위급상황이 발생하면 왼쪽 스틱(스로틀)을 **빠르게 내려 프로펠러를 정지시킨다.**

호버링 전 트리밍(영점잡기)

호버링을 할 때, 상하타(Throttle)만을 사용해서 천천히 띄웠는데 드론이 한

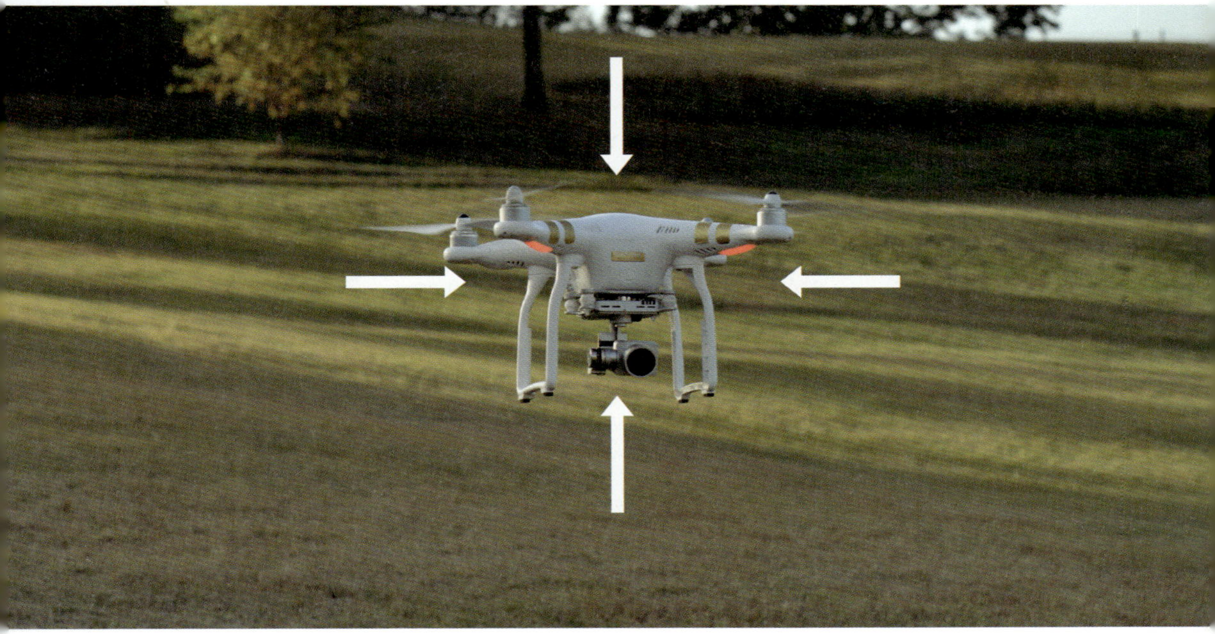

쪽으로 삐딱하게 움직인다면 트리밍을 해야 한다. 트리밍은 총을 쏘기 전 영점 잡는 것과 비슷하다. 조종기에 달린 4개의 트림탭을 드론이 움직이는 방향의 반대쪽으로 움직여서 영점을 잡으면 된다.

좌·우, 앞·뒤로 이동하는 방법

기체를 앞·뒤로 이동시키려면 먼저 기체를 호버링 시킨다. 오른쪽 스틱(엘리베이터)을 앞으로 밀어 기체가 5m 정도 앞으로 가도록 한다. 그리고 오른쪽 스틱(엘리베이터)을 뒤로 당겨 원래의 위치로 돌아오게 한다. 이어서 기체를 뒤로 5m 정도 움직이게 했다가 다시 원래 위치로 돌아오게 한다.

기체를 좌우로 이동시키려면 오른쪽 스틱(에일러론)을 좌측으로 밀어 기체가

5m 정도 좌측으로 가도록 한다. 그리고 우측으로 밀어 다시 원래 위치로 돌아오게 한다. 기체를 원하는 방향으로 이동시킬 수 있을 때까지 이 과정을 반복한다.

회전하는 방법

회전 비행을 하기 위해서는 우선 기체를 스로틀로 공중에 띄워 안정적인 호버링을 유지한다. 그런 다음 왼쪽 스틱(러더)을 좌·우 어느 한 방향으로 회전시켜 본다.

기체가 제자리에서 회전하는 모습을 확인할 수 있을 것이다. 이번에는 왼쪽 스틱(러더)을 반대 방향으로도 밀어 360도 회전시켜 본다. 반복 연습만이 안정된 비행방법을 익힐 수 있는 유일한 길이다.

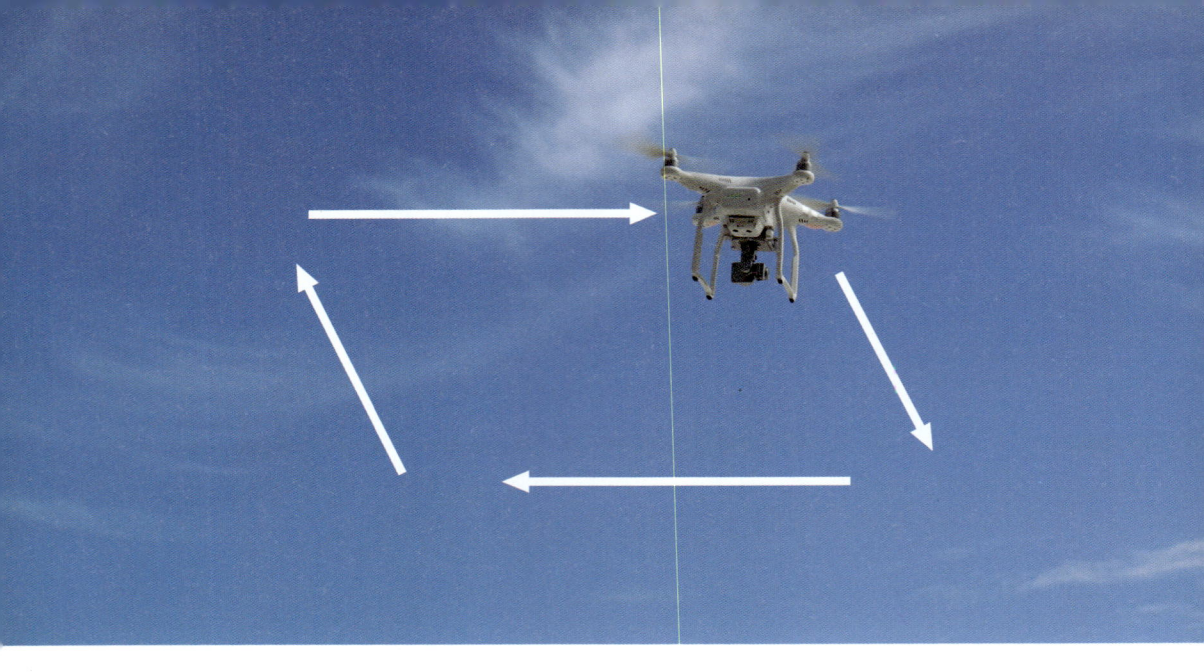

사각패턴으로 비행하는 방법

　사각 패턴으로 비행하고자 할 때는 조종사와 기체가 반드시 적당한 거리를 확보한 후 조종을 시작해야 한다. 먼저 기체를 호버링 시킨다. 오른쪽 스틱(엘리베이터)을 앞으로 밀어 5m 정도 전진시킨다. 왼쪽 스틱(러더)을 좌로 밀어 기체를 회전시킨다.(90도 방향) 다시 오른쪽 스틱(엘리베이터)을 앞으로 밀어 5m 정도 전진시킨다. 그런 다음 왼쪽 스틱(러더)을 좌로 밀어 기체를 회전시킨다.(90도 방향) 이런 과정을 반복해 기체가 사각패턴으로 비행하다가 본래 위치로 돌아오는 연습을 한다.

　위 사각패턴은 후면 호버링을 기준으로 기체의 앞부분이 전진 방향으로 이동하는 방식이며, 호버링의 위치에 따라 다양한 패턴의 사각 비행이 가능하다.

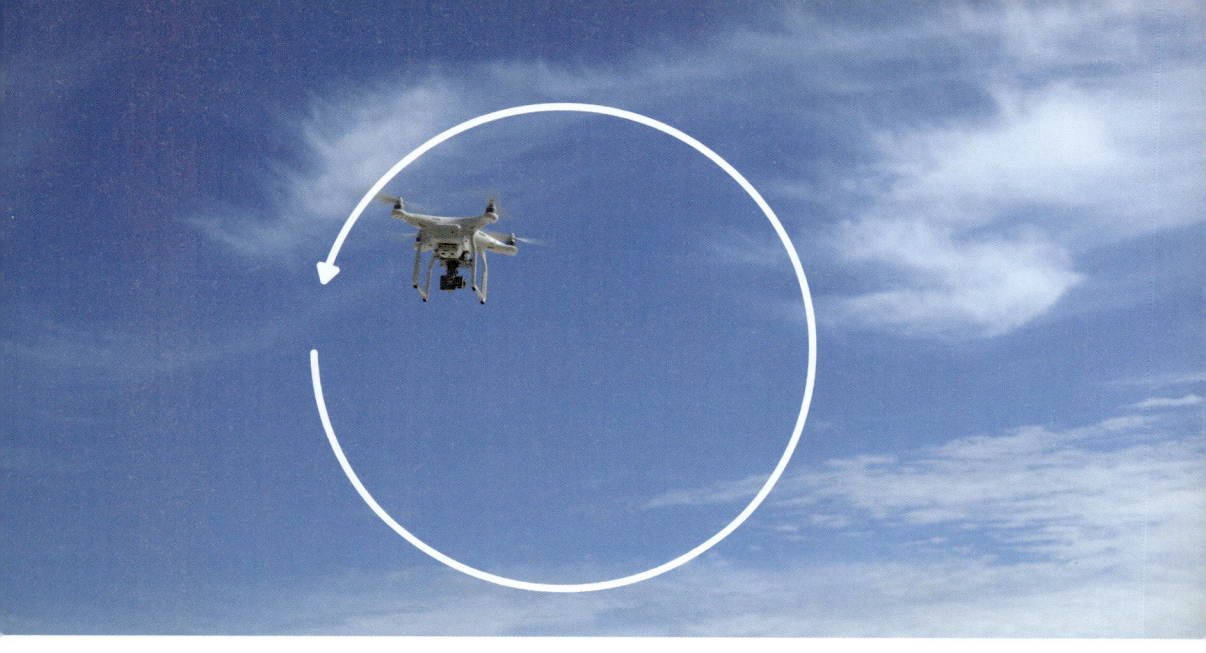

원형 패턴으로 비행하는 방법

　기체를 원형으로 비행시키려면 엘리베이터, 러더를 동시에 사용해야 하며, 시계방향으로 도는 원형 패턴 비행은 다음과 같은 과정으로 진행된다. 먼저 조종사와 기체의 거리를 충분히 확보한 다음(반시계 방향으로) 오른쪽 스틱을 위로 (엘리베이터) 올리면서 작은 각도로 좌측(러더)으로 회전시킨다. 이 과정을 원의 크기가 항상 비슷한 크기로 유지될 때까지 반복한다. 원형 패턴 비행의 경우 전진과 회전에 대한 이동 감각이 숙달된 상태에서 가능한 고급기술이기 때문에, 앞서 기술한 기초 비행법을 모두 습득한 후에 응용할 수 있다.

　위 원형 패턴은 후면 호버링을 기준으로 기체의 앞부분이 전진 방향으로 이동하는 방식이며, 호버링의 위치에 따라 다양한 패턴의 원형 비행이 가능하다.

지속적으로 비행하는 방법

처음에는 기체가 바라보는 각도와 조종사가 바라보는 각도가 다르기 때문에 조종에 많은 어려움을 겪을 수밖에 없다. 따라서 조종사가 각각의 스틱을 움직이는 것이 비행에 어떠한 영향을 주는지를 주의 깊게 살펴보아야 한다. 또한 지속적으로 비행을 하려면 회전과 방향전환이 동시에 이루어져야 하기 때문에 다음과 같은 과정의 연습이 필요하다.

첫째, 기체의 진행방향을 앞으로 두고 조종자가 뒤에 있는 방식을 후면 호버링이라 하며, 기체의 진행방향을 앞으로 두고 조종자가 정면을 바라보는 방식을 전면 호버링이라고 한다. 그리고 좌·우측 측면에서 조정하는 방식을 측면 호버링이라고 한다. 이러한 방식으로 사면 호버링이 가능해야 지속적인 비행이 가능하다.

둘째, 기체를 이륙시키고 호버링을 유지한다. 작은 각도로 살짝 회전(러더)한 후 오른쪽 스틱(엘리베이터, 에일러론)을 이용해 왼쪽과 오른쪽 그리고 앞·뒤로 비행해본다. 조종사와 기체가 서로 다른 각도를 바라보고 비행하는 것에 익숙해지면 다시 다른 각도로 회전을 해본다. 그리고 이번에도 오른쪽 스틱(엘리베이터, 에일러론)을 이용해 왼쪽과 오른쪽, 앞·뒤로 비행해본다. 기체의 회전과 방향전환이 신속하게 이루어지도록 반복적인 연습을 하다보면, 오른쪽 스틱과 왼쪽 스틱의 조종법이 몸에 배이면서 오랜 시간 안정된 비행이 가능해진다.

셋째, 지속적인 비행이 이뤄지면 8자 모양의 다양한 변형 패턴을 연습해 본다.

 **드론 조종법을 어느 정도 익혔다면, 아래 동작을 반복해서 연습해보자!**

① 제자리에서 호버링하기
② 앞, 뒤, 좌, 우 전진 비행하기
③ 좌, 우 회전 후 호버링하기
④ 사각 패턴으로 비행하기
⑤ 원형 패턴으로 비행하기
⑥ 다른 고도에서 비행하기
⑦ 지상에 두 개의 목표지점을 정한 다음 반복적으로 착륙, 비행, 착륙 시행하기

 **비행장소 고르는 법**

처음 드론을 배울 때는 밀폐되고 좁은 공간보다는 공원이나 탁 트인 들판 같은 오픈된 공간에서 비행을 배우는 것이 좋다. 특히 드론이 불가피한 상황에서 추락을 하더라도 충격을 완화시켜줄 수 있는 풀밭이나 잔디공원 등이 적합하다. 또한 드론과의 충돌이나 부상이 발생할 수 있기 때문에 사람들과 동물들에게서 되도록 멀리 떨어진 곳에서 비행해야 한다. 마지막으로 드론 비행에 있어 바람은 조종에 가장 많은 영향을 미치는 요소로 입문자에게는 비행 중 더욱 큰 변수로 작용하기 때문에 바람의 변화가 적은 아침에 연습비행을 시도한다면 예상보다 좋은 결과를 기대할 수 있다.

 **Li-Po 배터리 안전하게 사용하기!**

1. 충전
- 콘센트에 USB 충전 시 전압은 약 1000mAh
- 컴퓨터에 USB 충전 시 전압은 약 500mAh
- 과충전으로 전압이 4.2V 이상이 되면, 외부 변형이 일어나고 폭발할 수 있다.
- 과방전으로 전압이 2.8V 이하가 되면, 재충전이 불가능하다.

2. 보관
- 배터리를 장기 보관할 때는 70%만 충전하고, 충전기와 분리해 서늘한 곳에 보관한다.
- 보관 온도에 따른 전압차이로 배터리가 사용 불가능하거나 폭발할 우려가 있다.
- 안전한 사용을 위해 Li-Po 배터리 전용가방에 보관하는 것이좋다.

3. 사용
- 비행 하루 전 완충한다.
- 사용 전 배터리의 배부름 증상이 나타나면 사용하지 않는다.
- 비행 시 수시로 전압 확인을 하고, 셀 전압차가 크면 기체를 바로 복귀시킨다.

4. 폐기
- 배터리 폐기는 지정된 장소(전기 및 전자장치 폐기)에 지정된 방법으로 처리한다.
- 배터리를 소금물에 24시간 동안 담가 놓은 후 일반폐기물로 처리한다.

06 드론 항공촬영 시스템

드론의 짐벌은 멋진 항공촬영을 가능하게 한다

언론 노출을 통해 빠르게 그 이름을 알리기 시작한 드론은 많은 사회적 이슈를 낳으며 '드론 저널리즘'이라는 말까지 탄생시켰다. 드론 저널리즘은 우리가 흔히 알고 있는 카메라가 달린 드론을 활용해 기자가 접근할 수 없는 특수한 지역의 사진이나 동영상 촬영은 물론, 그 밖의 자료를 수집해 보도에 활용하는 것을 의미한다. 그저 첨단과학이 만들어낸 특별한 기술로만 여겨졌던 드론이 이제는 언론 취재뿐만 아니라 방송 프로그램 제작, 개인 사생활을 담은 사진이나 동영상 촬영에도 활용되고 있을 정도로 우리 생활 깊숙이 들어온 것이다.

드론을 활용해 영상을 촬영할 때 고화질의 흔들림 없는 영상을 담기 위해서는 '짐벌(Gimbal)'이라는 특수한 장치가 사용된다. 짐벌은 구조물의 움직임에 상관없이 기기나 장비가 수평 및 연직으로 놓일 수 있도록 흔들림을 잡아주는 지지대를 말하며, 대표적인 항공촬영용 제품으로는 DJI에서 개발한 3축 짐벌 시스템이 있다.

항공촬영에 빠져서는 안 될 DJI의 3축 짐벌 시스템이 사용되는 기체들을 살펴보면 다음과 같다. 매빅2 시리즈의 F/2.8, 35mm 렌즈는 77도의 넓은 화각을 자랑하는 전문가용 렌즈로 2000만 화소의 고화질 사진촬영은 물론 4K의 흔들림 없는 동영상의 촬영이 가능하다. (*매빅2 프로패셔널의 경우)

【 DJI 매빅2 프로의 3축 짐벌 】

인스파이어2에 사용되는 카메라와 짐벌은 젠뮤즈X5S(ZenmuseX5S)로 역대 항공 카메라 중 최상의 해상도를 자랑한다. 최대 5.2K/30p의 영상을 촬영할 수 있고 다양한 랜즈를 사용하여 촬영이 가능하다. 유효픽셀 20.8MP와 72도 화각으로 촬영이 가능하며 4/3″의 CMOS센서는 이전 센서보다 훨씬 디테일한 이미지를 포착한다. 촬영 시 시야가 가리지 않도록 자동으로 랜딩기어가 위로 올라간다.

【 DJI 인스파이어2의 젠뮤즈X5S(ZenmuseX5S) 】

　현재 드론에 장착되는 카메라는 고성능 일반 카메라와 더불어 다양한 특수 카메라가 함께 장착되고 있는 추세이다. 장착되는 카메라, 및 구조물을 통칭하여 '페이로드'라고 한다. 사물의 온도를 감지할 수 있는 열화상카메라, 농작물 및 농토의 비옥토를 측정할 수 있는 멀티스펙트럼 카메라, 메탄가스 측정기, 30배 줌렌즈 등 영화 및 사진 촬영뿐만이 아니라 구조물 검사, 재난 안전 현장에서 사용할 수 있는 산업용으로 그 영역을 확대해 나가고 있다.

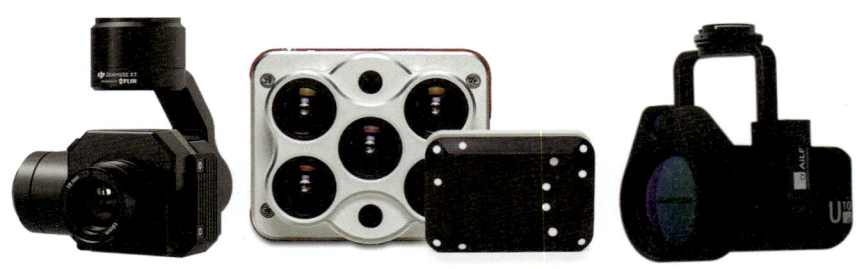

【 다양한 페이로드 】

극강의 항공 영상 촬영을 원한다면 DJI 젠뮤즈 X7을 추천한다. 랜즈는 사용자가 원하는 사양으로 별도 장착 가능하다. 젠뮤즈 X7은 짐벌과 통합된 컴팩트한 Super 35 카메라로 전문 영화 촬영을 위한 경이로운 해상도와 화질을 선사한다. 14스탑 다이나믹 레인지를 갖춘 24MP CMOS센서가 놀라울 정도의 디테일을 보존하고. 6K CinemaDNG 및 5.2K Apple ProRes 코덱을 제공한다. 인스파이어 2에 장착하면 둘이 합쳐 약 4kg의 가벼운 무게로 40kg의 중장비가 필요한 어려운 촬영도 손쉽게 해낼 수 있다.

【 DJI 젠뮤즈 X7(Zenmuse X7) 】

DJI의 로닌-MX(RONIN MX)는 기존에 사용되고 있는 다양한 종류의 카메라들과 호환이 가짐벌이다. 사용이 가능한 카메라로는 캐논의 5DMark Ⅲ와 파나소닉GH4, 영화에서 많이 사용되는 RED EPIC 등이 있으며, 각각 카메라의 특성에 맞춰 RONIN MX 짐벌에 장착 가능한 전용키트를 선택하면 된다. 짐벌의 무게는 3kg 이하이며 장착되는 페이로드의 카메라의 무게에 따라 가변된다. 대부분의 경우 고성능, 중량 카메라 장착을 목적으로 사용하기 때문에 높은 출력으로 안정적인 장착이 가능한 기체를 사용해야 한다. DJI의 매트리스 600과 함께 사용하면 적합하다. 주로 고화질의 영상 촬영이 필요한 방송국이나 관공서에서 사용된다. 허나 최근에는 카메라 성능의 비약적인 발전으로 중대형 짐벌의 사용이 점차 줄어드는 추세이다.

Q : 드론과 헬리캠(Helicam)의 차이는 무엇인가요?

우리가 흔히 드론 항공촬영 시스템을 떠올리면 가장 먼저 생각나는 것이 헬리캠일 것이다. 언론을 통해 주목받고 대중들에게 노출되기 시작한 것 역시 헬리캠이지만, 아직까지 헬리캠이라는 촬영 도구의 정확한 의미를 이해하지 못하는 사람들이 대부분이다.

그렇다면 과연 드론과 헬리캠의 차이는 무엇일까?
드론이 헬리캠의 일종일까? 헬리캠이 드론의 일종일까?
헬리캠은 드론일까? 아닐까?

무인항공기의 일종인 헬리캠은 헬리콥터와 카메라의 합성어이다. 소형 무인 헬리콥터에 카메라가 장착된 원격 무선 조종 촬영 장비인 헬리캠은 생동감 있는 영상이나 사람의 접근이 특수한 지역에서의 촬영을 수행한다. 다시 말해, 대중들이 드론이라고 인식하는 소형 무인항공기에 카메라가 달려있다면 그것이 바로 헬리캠인 것이다.

DRONE

Chapter

03

드론 입문자가
꼭 알아야 할 필수사항

01. 안전 비행을 위한 선택 'Yes or No'
02. 드론 관련 법규를 알고 즐기자
03. 드론 사고의 위험성
04. 드론 비행 시 돌발 상황 대비

01 안전한 비행을 위한 선택 'Yes or No'

기체 체크 = Yes!

드론을 날리기 전에 반드시 체크해야 할 것이 몇 가지 있다. 먼저 프로펠러의 방향이 올바르게 조립돼 있는지, 기체 각 부분의 나사는 단단히 조여져 있는지 확인해야 한다. 또한 가장 중요한 배터리를 철저하게 점검해야 한다. 충전이 완료 됐는지, 배터리가 기체에 단단히 고정됐는지 미리 점검을 해두는 것이 좋다. 마지막으로 드론을 작동시킬 때는 조종기를 먼저 켠 다음 본체 전원을 켜는 것이 안전하다. 본체부터 켜 놓은 상태에서 조종기의 전원을 누르다 다른 버튼을 잘못 누르게 되면, 자칫 사고로 이어질 위험성이 있기 때문이다. 다만 비행이 끝난 후에는 본체, 조종기 역순으로 전원을 끄는 것이 좋다.

드론, 새로운 세상을 만나다

【 비행 전 필수 점검 사항 】

1. 카메라를 가지고 있다면, SD카드를 삽입했는가?
2. 송신기(조종기)의 배터리가 충분한가?
3. 기체의 배터리가 충분한가?
4. 배터리를 올바르게 삽입했는가?
5. 프로펠러가 안전하게 설치돼 있는가?
6. 부품 장착이나 나사가 불안전한 곳은 없는가?
7. GPS를 위한 위성 검색이 가능한가?
8. 이륙과 비행을 위한 충분한 공간이 확보됐는가?
9. 조종기의 스로틀(왼쪽 스틱)이 완전히 내려와 있는가?

비행시간 초과 = No!

드론 입문자들이 가장 많이 하는 실수를 꼽는다면 적정 비행시간을 초과하는 경우다. 드론은 제품마다 최대 비행 가능 시간이 다른 데 그 시간을 지키지 못하면 배터리나 모터에 무리를 줄 수 있다. 우리 몸도 무리하게 에너지를 소비하면 건강에 적신호가 오듯이 드론도 적정 비행시간을 초과하면 제대로 작동되지 못하고 사고로 이어질 가능성이 높기 때문에 주의해야 한다. 드론 안내서에 명시된 사양은 최적의 비행조건에서 측정된 시간이라는 것을 염두에 두고 항상 여유를 가지고 비행하는 태도가 필요하다. 일반적으로 30만 원 이하의 드론제품은 권장 비행시간이 7~10분이다.

A/S 가능여부 확인 = Yes!

드론 입문자들이 가장 두려워하는 부분은 비행 중 드론이 파손되는 경우다.

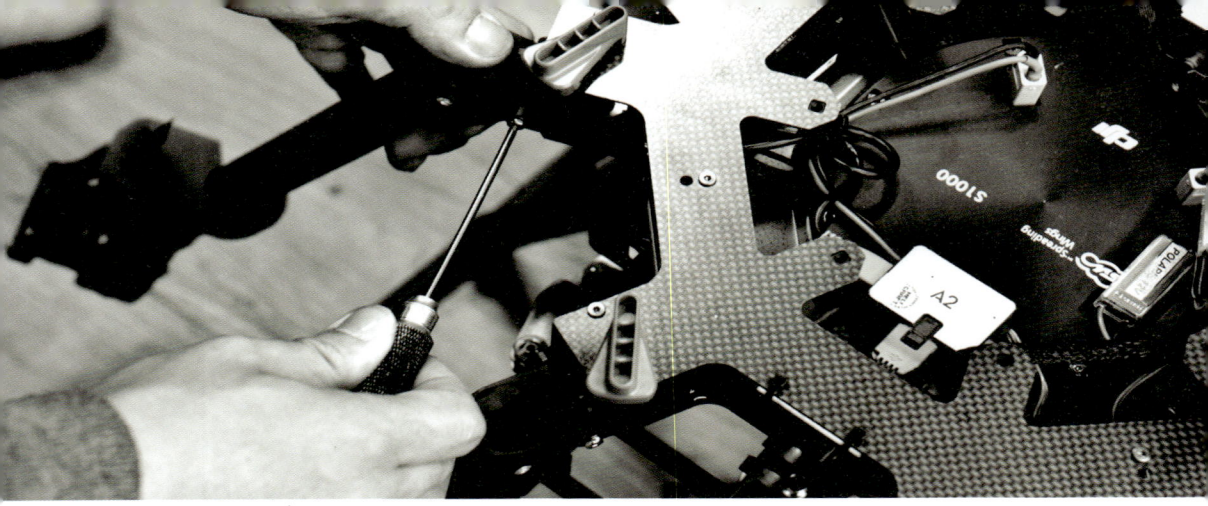

그렇다면 드론이 파손됐을 경우 애프터서비스(A/S)는 어디서 받을 수 있을까? 유명 드론 제조사의 경우에는 국내 유통업체가 정식 A/S를 맡고 있으나, 이들을 제외한 나머지 제조사의 드론은 사설 업체를 이용하거나 자가 수리를 해야 한다. 따라서 드론을 구매할 때 구매한 업체에서 A/S가 가능한지 여부를 확인해두는 것이 필요하다. 또한 파손이 잦은 프로펠러·랜딩기어·배터리·모터는 입문자라고 하더라도 비교적 교체가 쉽기 때문에 여분의 제품을 미리 구매해 두는 것도 현명한 방법이 될 수 있다.

연습용 드론은 무조건 초소형 = No!

처음 드론을 배우고자 할 때는 부담 없는 가격에, 기체가 작고 중량이 가벼운 드론을 선호하게 된다. 하지만 단순히 드론 입문을 위한 연습용 드론이라고 해서 무조건 작은 크기의 드론을 고르는 것은 좋은 선택이 아니다. 드론은 크기가 작을수록 오히려 다루기가 쉽지 않은 경우가 많다. 기체가 작다는 것은 그만큼 모터 크기가 작고, 힘도 약하다는 것을 의미한다. 또한 기체가 가벼워 바람의 영향을 많이 받기 때문에 그 만큼 흔들림이 많고 안정된 비행이 어려울 수밖에 없다. 따라서 가격보다는 이러한 단점들을 충분히 보완해줄 수 있는 기능을 갖춘 중형 제품이 드론 입문에 훨씬 수월한 선택이 될 수 있다.

비행 중 전파간섭 = No!

드론은 전파를 이용해 조종을 하기 때문에 종종 같은 기종을 갖고 있는 사람과 함께 드론을 날릴 경우 전파 간의 충돌이 일어나지 않을까 걱정하는 경우가 있다. 하지만 실제로 전파 간의 충돌로 인해 조종에 방해를 받는 일은 거의 없다고 볼 수 있다. 드론에는 기체 스스로 비행에 가장 알맞은 적당한 주파수를 잡아주는 '주파수 호핑'이라는 기능이 내장돼 있기 때문이다. 단, 드론동호회와 같은 단체에서 한 번에 많은 드론을 비행시킬 경우에는 주파수 조정이 필요하다.

드론 보험 = Yes!

드론의 대중화가 빠르게 진행되고 있어 비행에 따른 대인 상해, 대물 파손 등에 대한 우려가 많아 지고 있다. 드론을 사업용도로 사용하고자 한다면 사업자 신청 시 드론보험을 반드시 부보해야 한다. 드론보험의 특징은 대인, 대물에 대한 보험은 가입이 가능하지만 기체 파손에 대한 보상은 되지 않고 있다. 기체 파손에 대한 보험을 부보하려면 보험사와 특약 관련 상담을 진행해 보기를 바란다. 국민손해보험에서 판매 중인 보험의 경우 기체 무게별 부보금액을 산정하여 보험료가 합리적이다. 현재 국가기관에서 사용되고 있는 드론에 대해서도 드론보험 부보를 법제화 한다고 한다. 개인과 타인의 안전 및 혹시 발생할 수 있는 사고를 대비하기 위하여 드론보험 부보는 필수적이라 하겠다.

02 드론 관련 법규를 알고 즐기자

최근 드론의 쓰임새가 다양해지고 많은 분야에서 주목을 받으면서 드론으로 인해 발생되는 사회적 문제까지 화제가 되고 있다. 드론마니아들이 기하급수적으로 늘어나면서 이를 적절하게 규제할 법률 제정이 필요되어 국토교통부에서는 1961년 제정된 '항공법' 중 항공안전에 관련된 부분을 2017년 3월 30일 분법시행하였다. 이제 조종자가 원한다면 언제, 어디서든 드론비행이 가능할 것이라는 생각은 절대금물! 상업 목적으로 드론을 사용하고자 한다면 반드시 초경량비행장치 사업면허를 취득해야 하며 드론 보험의 부보는 필수적이다. 또한 12kg 자체무게를 초과하는 드론의 경우에는 초경량비행장치 조종면허를 취득해야 한다.

하나, 지역항공청의 허가를 받아야 해요!

항공안전법 시행령 제24조에 따르면 무인비행장치는 자체중량이 12kg 이하이며, 엔진 배기량 50cc 이하의 경우, 스포츠용 무선조종 모형항공기로 간주해 별도의 신고 없이 비행이 가능하다. 단 고도는 최대 150m를 넘지 못한다. 하지만 상업목적 혹은 카메라가 장착되어 있는 드론, 무인비행장치 중량과 배기량 기준을 초과할 경우에는 반드시 지역 항공청 및 국방부에 비행 허가를 받아야 한다.

매빅2 프로
폴딩 암 형태로 설계된
휴대성이 극대화된 드론입니다.
취미, 레저, 컨텐츠 제작 등
다양한 용도로 사용되어 소비자들의
많은 사랑을 받고 있는 드론입니다.
무게 : 907g

방제드론 케레스 10s
케레스 10s는 10L급 방제용 드론이며,
각종 농작물의 농약살포용도로 사용됩니다.
1회 비행에 3,000평 이상의 면적에
방제가 가능하며 스마트한 기능으로
경제성과 편리성을 보장합니다.
무게 : 14.9kg

【 중량 12kg 이하의 드론 vs 중량 12kg 이상의 드론 비교 】

둘, 비행금지구역을 꼭 확인하세요!

항공 안전법 제78조의 비행공역 등의 지정에 따르면 서울지역은 드론 비행이 금지되어 있으며 비행을 하려면 항공청 및 국방부의 사전허가가 필요하다. 휴전선지역, 원자력발전소인근에서는 절대로 비행을 하지 말아야 한다. 단, 초경량비행장치 공역(UA)지정된 서울지역 4개소 별내IC, 광나루, 가양대교 북단, 신정교 포함 33개 비행공역에서는 자유로운 비행이 가능하다.

셋, 비행 중 주의사항을 반드시 지킵시다!

1) 야간비행은 금지 (기준은 일몰~일출)

2) 인구밀집지역은 금지 (경기장, 페스티벌, 콘서트장 등)

3) 150m 이상의 고도는 금지

4) 비행장 반경 9.3km이내는 금지

넷, 드론 사업을 계획하고 있다면, 먼저 사업자 등록을 하세요!

드론을 이용한 사업을 계획하고 있다면 꼭 기억해야 할 것이 있다. 바로 초경량비행장치사용사업자 등록이다. 사업을 목적으로 드론을 이용할 때는 반드시 필요한 절차로 우리나라 항공법에서 정한 일정 기준의 자본금 증빙과 드론 보험 등의 등록 요건을 만족시켜야 한다. 초경량비행장치사용사업자 등록 신청은 지방항공청에서 가능하다.

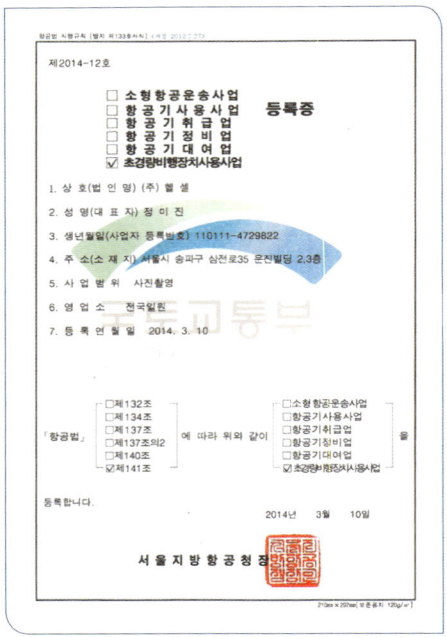

다섯, 중량 12kg 초과 드론은 조종자 증명을 취득해야 해요!

중량 12kg을 초과하는 드론을 영리 목적으로 사업에 활용하는 경우에는 반드시 국토교통부령에 의해 정해진 시험을 통과해 조종자 증명을 취득해야 한다. 이를 위반했을 때는 200만 원 이하의 과태료 벌금이 청구된다. 조종자 증명시험은 비행장치의 종류와 등급, 형식에 따라 다르며, 학과와 실기 두 종류의 시험으로 구분돼 실시된다.

【 초경량비행장치 조종자 자격증이란? 】

현재 우리나라는 무인비행장치 조종자 자격증명제를 시행하고 있다. 따라서 중량 12kg 이상의 드론을 다루고자 하는 조종자는 도로교통공단의 초경량비행장치 비행 자격증을 취득해야 한다. 자격증 시험은 국토교통부의 인증을 받은 기관에서 이론 20시간, 실습 20시간의 교육을 받은 사람만이 도전할 수 있다.

【 국토교통부 인증 교육기관 】

- 아세아무인항공교육원 : 초경량비행장치 비행면허, 드론조립 및 정비사과정
- 드론마스터아카데미 : 드론지도자과정, 지도조종사과정, 드론측량과정, 드론정비사과정
- 에어콤 영암무인비행장치 교육원 : 고정익비행장치 비행면허, 초경량비행장치 실기평가사과정, 드론정비사 과정자 표준/평가관 과정, 정비사 기본과정, 정비사 교관/검사관 과정 교육

【 현행 무인비행장치 안전관리 제도 】

구분		조종자 증명	사업 등록	장치 신고	기체 검사	비행 승인	조종자 준수사상
개인 사용자	12kg 이하	×	×	×	×	△	○
	12kg 초과	×	×	○	○	○	○
사용 사업자	12kg 이하		○	○	×	△	○
	12kg 초과	○	○	○	○	○	○
위반 시 처벌기준	징역	–	1년	6개월			
	벌금	–	3,000만원	500만원	–	200만원	–
	과태료	300만원	–	–	500만원	–	200만원

˅비행금지구역 애플리케이션 소개

　이제는 손가락 하나만 움직이면 언제, 어디서 드론을 날릴 수 있는지 실시간으로 확인할 수 있다. (사)한국드론협회가 만든 드론 비행 애플리케이션 덕분이다. 드론을 즐기는 사람이라면 비행 금지구역을 안내해주는 애플리케이션 하나쯤은 필수! "Ready to FLY"의 기능을 살펴보자.

1) 비행 금지 구역 표기
2) 풍향 풍속 표기
3) 사용자 위치 표기
4) 사용자 위치 비행 가능 여부 확인
5) 지구 자기장 지수 확인
6) 조종자 준수사항 표기
7) 비행관련 FAQ
8) 애플리케이션 사용 사전 고시사항
9) 주소 검색을 통한 비행 제한구역 사전 확인
10) 비행 금지, 제한, 가능 구역 index 제공
11) 정보설정 기능

Ready to Fly

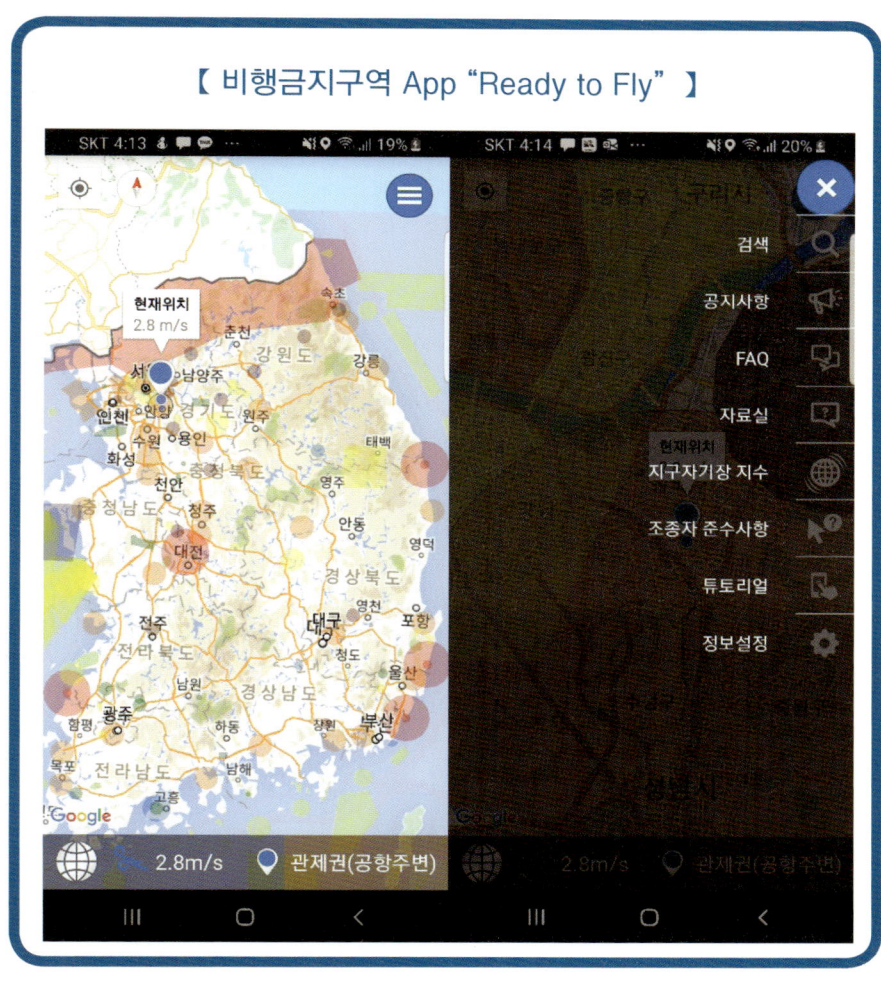

【 비행금지구역 App "Ready to Fly" 】

03 드론 사고의 위험성

드론을 즐기기 위해서는 위험성에 대해서도 반드시 숙지해야 한다

사람의 조종에 의해 하늘을 날며 많은 역할을 해내고 있는 드론은 상업용 또는 레저용으로 큰 인기를 얻으며 승승장구하고 있다. 하지만 그러한 상승세에 반하는 문제점들이 속속 등장하고 있어 이에 대한 해결책이 요구되고 있는 시점이다. 드론을 둘러싼 논란은 사생활침해, 사고 위험성, 불법적인 활용 등이다. 그 중 드론 입문자가 가장 먼저 인지해야 할 것은 바로 사고의 위험성이다.

지난 2005년 4월, 경남 진주의 한 초등학교에서 '교내 과학의 날 행사' 도중 시연 중인 모형헬기가 운동장으로 추락해 초등학생이 숨지는 사고가 있었다. 2015년 5월에는 세계적인 라틴 팝스타 엔리케 이글레시아스가 콘서트 도중 드론에 손이 베이는 사고를 당했다. 그 모습을 지켜본 팬이 유튜브에 올린 당시 사고 영상을 보면 엔리케 이글레시아스는 공연 도중 자신의 공연을 촬영하기 위해 날아온 드론이 가까이 다가오자 기체를 손으로 잡았다. 그 순간 프로펠러가 그의 손에 깊은 상처를 냈고, 공연은 잠시 중단됐다.

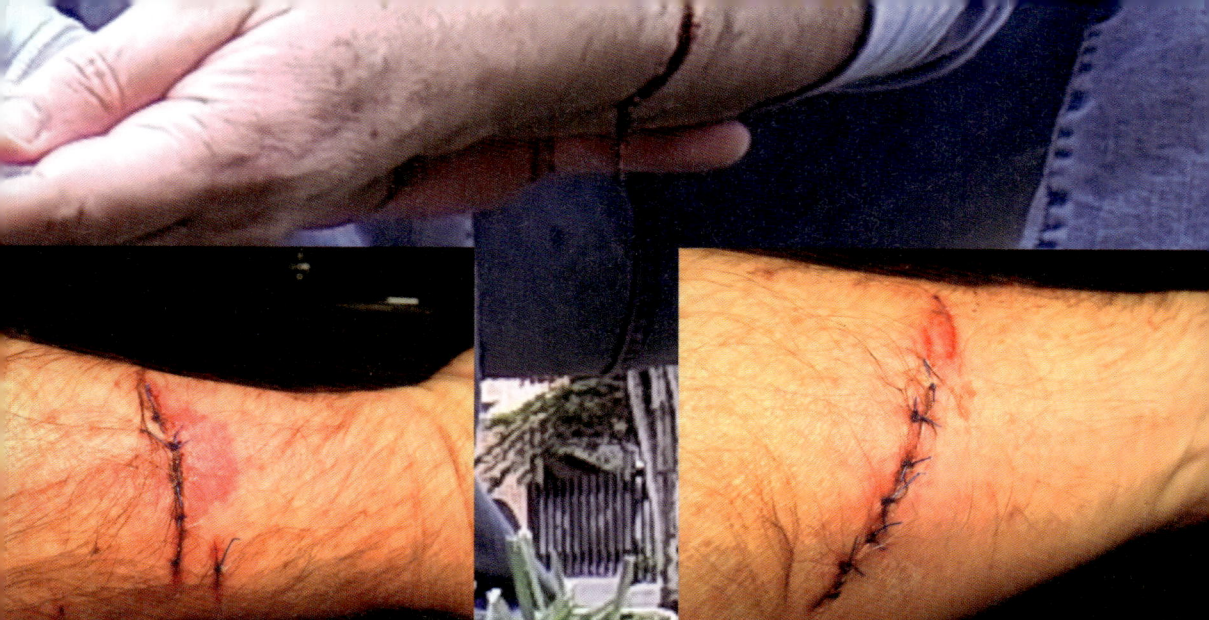
드론 프로펠러로 인해 팔등에 심각한 상해를 입은 드론 조종사 　　　　[출처: Yutube 웹사이트]

　　이외에도 유튜브에서 화제를 모으고 있는 드론 사고 영상을 보면 다수의 피해사례를 확인할 수 있다. 사고 형태는 기체의 추락보다는 프로펠러에 의해 신체가 손상되는 경우가 대부분이다.

　　드론의 프로펠러 재질은 제조사나 가격에 따라 천차만별이다. 앞서 소개한 엔리케 이글레시아스에게 상처를 입힌 드론은 공중촬영을 위한 고가의 드론으로 무게는 가볍지만 강도가 강한 카본 재질을 사용한 기체이다. 일반인들이 선호하는 저가 드론은 플라스틱 소재를 주로 사용하며, 특히 어린이들이 접하는 상품에는 연질(부드럽게 구부러지는) 플라스틱 소재의 프로펠러를 사용하기도 한다. 그러나 실내보다는 실외에서 주로 비행을 하는 드론이 바람의 영향에도 기체를 안정적으로 날리기 위해서는 크고 단단한 프로펠러가 필요할 수밖에 없다.

따라서 저가 드론에 달린 플라스틱 프로펠러라고 해도 비행 중 빠르게 회전하고 있는 상황에서는 고가 드론의 프로펠러와 마찬가지로 사람의 신체에 깊은 상처를 입힐 수 있는 흉기가 될 수 있음을 잊지 말아야 한다.

이처럼 프로펠러로 인한 사고가 늘면서 드론 사용자들 사이에서 비행 시 안전을 확보하기 위한 주의사항을 반드시 숙지해두는 것이 강조되고 있다. 우선, 드론 입문자의 경우 고가의 기체보다는 저가 기체로 드론을 날리는 느낌을 익히는 것이 중요하다. 또한 입문자는 드론을 구매할 때 부드러운 소재의 연질 프로펠러로 된 기체를 고르는 것을 추천한다.

일부 드론에는 기체가 추락했을 경우 프로펠러 손상을 막기 위한 프롭가드(Propeller Guard)가 장착돼 있다. 프롭가드는 프로펠러로 인한 사고를 예방하는 데 큰 도움을 주기 때문에 입문자라면 필수적으로 챙기는 것이 좋다. 또한 드론의 프로펠러가 움직이고 있을 때는 절대로 프로펠러 가까이에 손을 대지 않도록 해야 하며, 드론을 날리는 장소를 선택할 때는 넓은 공터만을 선호할 게 아니라 시야 확보가 용이하고 인적이 드문 곳을 선택할 필요가 있다. 그리고 바람이 부는 날에는 능숙한 조종 실력을 갖춘 상급 조종자가 고가의 드론을 날린다고 해도 돌발 상황이 발생할 수 있기 때문에 비행을 삼가하는 것이 좋다.

마지막으로 높은 건물 사이에서는 바람이 불지 않는 것처럼 보이나 갑작스런 돌풍이 형성될 수 있으므로 주의가 필요하다.

무인비행장치를 조종하던 중에 사고가 났을 때에는?

조종자는 관할 지방항공청으로 지체 없이 보고해야 합니다.

서울지방항공청(032-740-2147)
부산지방항공청(051-974-2145)
교통안전공단(031-481-0652)

04 드론 비행 시 돌발 상황 대비

갑작스런 돌풍에 드론이 날아가 버리는 상황

　레저용으로 나온 미니 드론들은 실내 사용을 목적으로 만들어졌기 때문에 바람에 취약한 경우가 많다. 기체가 바람에 날아가면 상하타(Throttle)를 가볍게 내리면서 가능한 기체에 무리가 없이 착륙해야 한다. 그러나 실외에서 연습할 때는 기본적으로 바람이 없는 곳이나 바람이 적은 아침 시간대를 이용하는 것이 좋다.

아이들이 드론을 향해 달려가고 있는 상황

　드론 연습을 하다 보면 갑자기 주변에서 구경하던 아이들이 드론을 향해 달려드는 경우가 있다. 그럴 때는 다른 방향으로 조종해서 아이들을 피하려고만 하지 말고, 그 자리에 바로 내려놓는 방법이 좋다. 연습 중에 발생하는 드론 사고의 대부분은 오히려 사람을 피하려고 무리한 조종을 시도하다 발생하는 경우가 많다.

비행 중인 드론의 제어가 안 되는 상황

처음 드론을 조종할 때는 드론이 생각하지 못했던 방향으로 움직이게 되는 당혹스러운 일이 종종 발생한다. 입문자들은 이럴 때 보통 반사적으로 상하타(Throttle)를 주저 없이 놓아버리게 된다. 하지만 그냥 상하타를 놓으면 기체가 착륙하는 것이 아니라 추락하게 되기 때문에 상하타를 계속해서 살짝 올려주면서 먼저 추락하는 속도를 낮추는 것이 필요하다.

GPS 모드가 갑자기 작동하지 않는 상황

아무리 좋은 기체를 사용한다고 해도 전파 방해나 자체 오작동으로 인해 비행 중에 GPS가 작동하지 않는 경우가 있다. 이럴 때는 곧바로 애티튜드(Attitude) 모드와 GPS 모드를 세 번 정도 반복적으로 오고가며 작동시켜주면 GPS가 다시 잡힐 때도 있다. 하지만 가장 안전한 방법은 기체를 애티튜드(Attitude) 모드로 전환한 후에 천천히 착륙시켜 전원을 재시동 해주는 것이다.

하늘에서 새 무리를 만난 상황

갑자기 새 무리가 비행 중인 드론을 공격하면 고도를 일시적으로 높여 피하는 것이 좋다. 새들은 습성상 고도를 낮춰서 피하면, 계속 드론을 따라가며 공격할 수 있기 때문이다.

드론이 조종자의 시야에서 사라진 상황

드론이 갑작스럽게 시야에서 사라졌을 때는 오토리턴(Auto-Return) 기능을 사용한다. 하지만 시중에 판매되는 레저용 드론의 대부분은 장애물 회피 기능이 없기 때문에 오토 모드로 되돌아오는 도중에 장애물과 충돌할 수 있다. 따라서 오토리턴(Auto-Return) 기능을 실행하기 전에 10~20미터 정도 충분히 고도를 높이고, 기체가 가시거리에 들어오면 직접 조종을 하는 것이 좋다.

🛸 드론이 주는 즐거움을 말하다 3

세상을 또 다른 시각으로 바라보게 해준 '창'

"저에게 드론은 세상을 또 다른 시각으로 바라보게 해준 하나의 '창'입니다. 10여 년 전, 일본제품인 90급 헬기를 개조해서 항공촬영을 하겠다고 욕심을 부리다가 서울 한복판에서 추락 사고를 경험한 적이 있습니다. 이후 항공촬영을 포기하고 지내던 중 우연히 독일의 '미크로 콥터(Mikro Kopter)'를 발견했고, 그것이 일생일대의 전환점이 됐습니다. 촬영 관련 일을 평생 직업으로 삼고 있는 사람으로서, '미크로 콥터'는 저에게 커다란 성장의 기회와도 같았습니다. 기존에는 사물을 바라보는 시선이 내가 있는 곳에서 바라보는 것이 전부였다면, 드론이 주는 무한한 시각의 확장은 참으로 놀라운 경험이었습니다. 또한, 드론으로 인해 '근접 무인항공촬영'이라는 새로운 용어까지 만들어졌으니 드론은 영상촬영의 혁신이며, 신세계라고 해도 과언이 아닙니다.

최근 드론이 이슈화되면서 안전문제, 사생활 침해문제 등 부작용에 대한 뉴스가 심심치 않게 나오고 있습니다. 이러한 문제들은 첨단과학시대를 살아가고 있는 우리가 편리함을 얻은 대신 차근차근 해결해 나가야 할 숙제라는 생각이 듭니다. '드론을 어떻게 인간에게 이롭게 사용할까?'라는 원칙을 두고 고민한다면 뜻밖에 쉽게 풀어질 문제이며, 오히려 해결점을 찾게 됐을 때 미래의 드론은 과연 어떤 모습으로 우리 앞에 나타나 있을지 무척 기대됩니다."

— 시네드론 이현수 촬영감독(www.cinedron.co.kr)

DRONE BASIC MANUAL

매빅미니(MAVIC MINI)
기체와 조종기 각 부분 명칭, 작동 방법 등은
앞서 다루었기 때문에 이 부분에서는
매빅미니의 주요 특징과
DJI FLY 애플리케이션에 대한 내용만 다룬다.

Special II

세계에서 가장 잘 팔리는 드론, 매빅(MAVIC)

01 왜 매빅인가
02 매빅미니만의 주요 특징
03 매빅미니만의 다양한 비행 모드
04 매빅미니의 지능형 배터리
05 매빅미니의 카메라와 짐벌
06 DJI FLY App

01 왜 매빅인가

 다양한 분야에서 활약하고 있는 드론의 많은 제품 중에서 연일 최고의 기록을 갱신하고 있는 제품은 과연 어떤 것일까? 드론 마니아라면 누구라도 인정하지 않을 수밖에 없는 기종이 바로 2006년 중국 홍콩 과기대에서 설립한 회사인 DJI에서 출시한 '매빅'이라는 모델이다. 6명의 직원으로 출발한 대학의 작은 벤처기업이었던 DJI는 팬텀 개발과 동시에 2018년 직원 30,000명, 3조 원의 매출규모를 자랑하는 거대한 기업으로 성장했다.

 세계 드론시장의 70% 이상을 점유하고 있는 DJI의 드론 제품은 국내에서도 신화적인 판매고를 올리며 단역 독보적인 위치를 차지하고 있다. 또한 매빅과 유사한 크기와 성능을 가진 드론 역시 국내 월 판매량이 1,000대에 이를 것으로 예측되고 있으며, 일반인들이 쉽게 구매할 수 있는 소형 드론까지 더한다면 매월 10,000대의 드론 제품이 공급되고 있다고 해도 과언이 아니다.

그렇다면 매빅이 '세계에서 가장 잘 팔리는 드론'이라는 명성을 얻게 된 이유는 무엇일까? DJI의 매빅은 어떤 드론일까? 그 궁금증을 풀어보기 위해 매빅이 가진 특징과 주요 기능, 사용법을 자세히 소개한다.

기존에 판매 중이던 항공촬영용 드론은 고화질의 영상을 얻기 위해서는 최소 500~1,000만 원에 이르는 고가의 드론을 구입해야 했으며, 별도로 고성능의 카메라를 탑재해야 했다. 비용에 대한 부담도 부담이지만 일단 부피와 무게 때문에 휴대가 불편했으며, 비행 가능시간이 10분 내외로 비교적 짧다는 단점도 있었다. 또한 혹시라도 발생할지 모르는 여러 가지 돌발 상황에 대한 대처 능력이 떨어질 뿐 아니라, 조종술을 충분히 익히기 전까지는 쉽게 만질 수도 없었다. 군사용이나 산업용으로만 사용되던 드론이 대중들에게 조금씩 관심을 끌기 시작할 무렵, 이렇듯 단순한 비행에만 의존하는 드론은 사용자의 니즈(needs)를 충족시키지 못했다.

'누구나 고성능의 드론을 손쉽게 접할 순 없을까?'
이러한 요구에 따라 만들어진 모델이 바로 DJI의 매빅 시리즈이다. 매빅의 등장은 전 세계 최다 판매 드론 팬텀시리즈 이후 휴대성 및 비행 편의성을 극대화한 생활 밀착형 드론시대로의 진입을 의미한다.

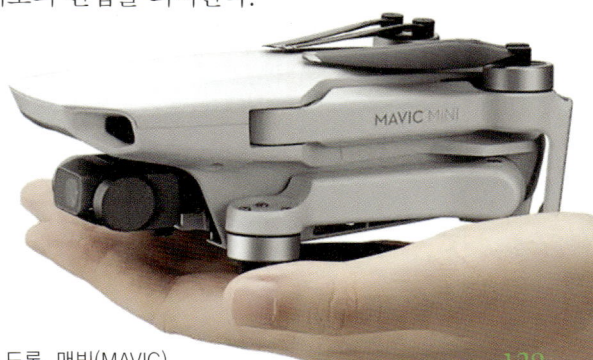

02 매빅미니만의 주요 특징

"조종법이 쉬워요!"

초보자에게도 쉽고 간편한 고성능 드론, 매빅미니

일반적인 기종의 드론은 스로틀을 올리는 순간 바로 프로펠러가 작동해 드론을 처음 접하는 조종자를 당황하게 만드는 반면, 매빅미니는 시동을 걸어 시작한다. 그리고 드론 초보 조종자들이 가장 어려워하는 호버링의 경우 매빅미니는 자동으로 기체의 균형을 잡아주기 때문에 쉽게 조종이 가능하다. 이는 매빅미니에 내장된 GPS 기능과 6축 자이로스코프가 보다 안정적으로 일정한 고도를 유지해 주기 때문이다. 또한 GPS의 작동이 원활하지 않은 실내 비행 시 초음파 센서를 통해 자세를 유지시키고 위치를 확인해주는 '비전포지셔닝' 기술도 내장돼 있다. 단, 스틱과 기체의 반응이 상당히 민감하기 때문에 조종을 할 때 방심은 절대 금물이다. 그 외 자동이륙, 자동귀환, 안전착륙 등의 다양한 기술이 사양에 포함돼 있다.

📷 "비행시간이 길어요!"

한 번의 배터리 충전으로 최대 2km, 30분까지 비행이 가능하다 (호버링 시). 대부분 드론은 비행시간이 10분이 채 안 되는 경우가 많아서 긴 비행시간을 원하는 조종자라면 매빅미니를 선택하는 것이 좋다. 단, 최대 비행거리는 국가별 규정과 주변 환경에 따라 다를 수 있다.

📷 "실시간 모니터링이 가능해요!"

비행과 동시에 HD 화질의 실시간 모니터링이 가능하다. 매빅미니는 iOS, 안드로이드가 지원되고 전용 애플리케이션(DJI FLY)을 설치하면 스마트 폰을 통해 최대 2km까지 실시간으로 영상 확인이 가능하다. DJI만의 최첨단 영상송수신 기술인 '라이트 브릿지'가 탑재돼 있기 때문이다.

📷 "고화질의 영상을 촬영할 수 있어요!"

매빅미니에는 고성능의 전문가용 카메라가 탑재돼 있다. 드론을 조종해본 사람이라면 누구나 하늘에서 펼쳐지는 멋진 풍경을 사진으로 담고 싶을 것이다. 매빅미니에는 F 2.8의 FOV 85도, 35mm 전문가용 카메라가 탑재돼 있으며, 2.7K(2720*1530p)의 고화질 동영상 촬영과 12Mp(4000*3000)의 이미지 촬영이 가능하다. 또한 DJI만의 3축 짐벌 시스템은 어떠한 상황에서도 흔들림 없는 영상을 담아낼 수 있으며, 이런 고성능의 영상 장비들을 조금만 연습하면 누구나 드론을 통해 전문가 수준의 영상을 만들어 낼 수 있다.

03 매빅미니만의 다양한 비행 모드

비행 중에 기체와 조종기의 신호가 끊어진다면?

드론은 지상에서 작동하는 장비가 아닌 하늘을 비행하는 기체로 비행거리로 인해 신호가 끊어지거나 주변의 전파 방해로 인해 송수신이 원활하지 않은 경우 기체에 오류가 발생해 추락 등의 사고가 발생할 수 있다. 매빅미니는 '리턴 투 홈(Return to Home)' 모드로 기체와 조정기의 신호가 끊어졌을 경우, 배터리가 부족할 경우, 또는 자동으로 돌아오기를 원하는 경우 마지막에 기록된 홈 포인트로 안전하게 복귀된다.

비행 모드는 다음과 같다.

CineSmooth mode

러더 키 할당을 둔감하게 세팅하여 영상 촬영 시 부드러운 컨트롤이 가능하게 하는 모드

P-mode(Positioning)

GPS신호 및 비전포지셔닝을 사용하여 정확한 호버링 및 퀵샷 등 기능을 사용할 수 있는 모드

S-mode(Sport)

GPS신호 및 비전포지셔닝을 사용하며 기체를 가장 빠른 속도로 조종할 수 있는 모드

04 매빅미니의 지능형 배터리

DJI 지능형 배터리는 1100mAh 용량의 7.6V 전압을 사용한다. 반드시 DJI에서 출시된 정품 배터리와 전용 충전기를 사용해야 한다.

배터리 잔량 표시 기능 및 전원

최대 30분가량의 비행이 가능한 용량의 제품이며 총 4단계의 배터리 잔량이 LED로 표시된다. 사용 전 전원 버튼을 사용해 배터리 잔량의 확인이 가능하며, 배터리 체결 시 바로 전원이 공급되지 않기 때문에 안전하다.

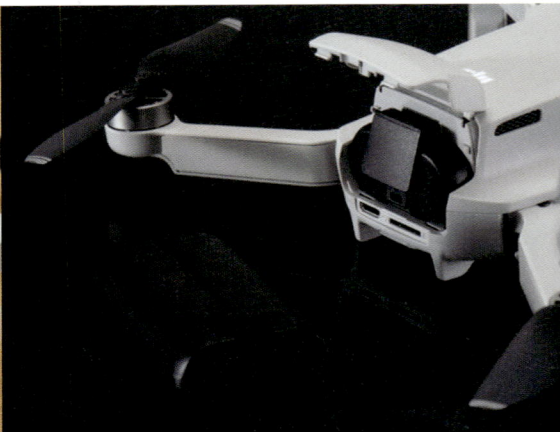

리턴 투 홈 경고(RTH, Retun To Home) 기능

비행 중에 배터리가 부족할 경우 기체가 안전하게 귀향할 수 있는 배터리 부족 리턴 투 홈(RTH)의 기능을 실행하도록 안내한다. DJI FLY 앱에서 확인이 가능하고, 배터리 부족 경고가 발생하면 조종자에게 기체를 원위치로 되돌리라는 경고 메시지를 표시한다.

비행 중에도 배터리 잔량과 남은 비행시간 잔량이 표기돼 안전하게 사용할 수 있도록 제어가 가능하다.

지능형 배터리 사용 시 주의사항

배터리는 폭발물질로 항상 기온이 선선한 그늘진 곳에 보관해야 한다. 화기 근처에 놓으면 폭발할 가능성이 있다. 또한 배터리의 외형적 손상이 있는 경우 폭발의 원인이 되기 때문에 사용 전 반드시 살펴본다. 배터리를 기체에 꽂거나 제거할 땐 반드시 전원이 꺼진 상태에서 수행한다. 비행 후에는 공기가 잘 통하는 곳에 보관해 열기를 식혀준다.

05 매빅미니의 카메라와 짐벌

매빅미니의 카메라 성능

짐벌은
공중에서 카메라가
흔들림 없는 촬영을
할 수 있도록 한다

매빅미니에 내장된 카메라는 F/2.8 35mm의 전문가용 단렌즈로 1/2.3인치 센서를 사용해 최대 2720*1530p / 30fps의 2.7K 비디오 녹화가 가능하며 1200만 화소의 사진 촬영이 가능하다.
　마이크로 SD카드를 권장하며 uhs-1 속도등급 3이상의 메모리카드를 구매해야 하며, 최대 128GB 지원한다.

DJI만의 3축 짐벌 시스템

3축 짐벌은 공중에서도 카메라가 흔들림 없이 안정된 이미지와 비디오 촬영을 할 수 있도록 도와준다.

* 짐벌(Gimbal)이란?

구조물의 움직임에 상관없이 기기나 장비가 수평 및 연직으로 놓일 수 있도록 흔들림 없이 잡아주는 지지대를 말한다. 짐벌은 드론장비 외에 방송용으로 많이 활용되는 핸드헬드짐벌이 있다.

06 DJI FLY App

DJI FLY App
숙지를 통해
매빅미니를 완벽하게
조종하라

DJI FLY App은 DJI에서 출시된 기체 중 매빅미니에 짐벌과 카메라, 비행 시스템의 기능을 제어할 수 있는 전용 앱(App)으로 안드로이드 와 iOS를 지원하는 스마트 기기(호환가능 기기 리스트 홈페이지 참조)에서 사용이 가능하다. (MAVIC 2 등 타 기체의 경우 DJI GO 4 앱을 사용하여 작동) 현재 앱 관련 오류에 관하여 보완하기 위한 테스트와 개발을 지속적으로 진행 중이다.

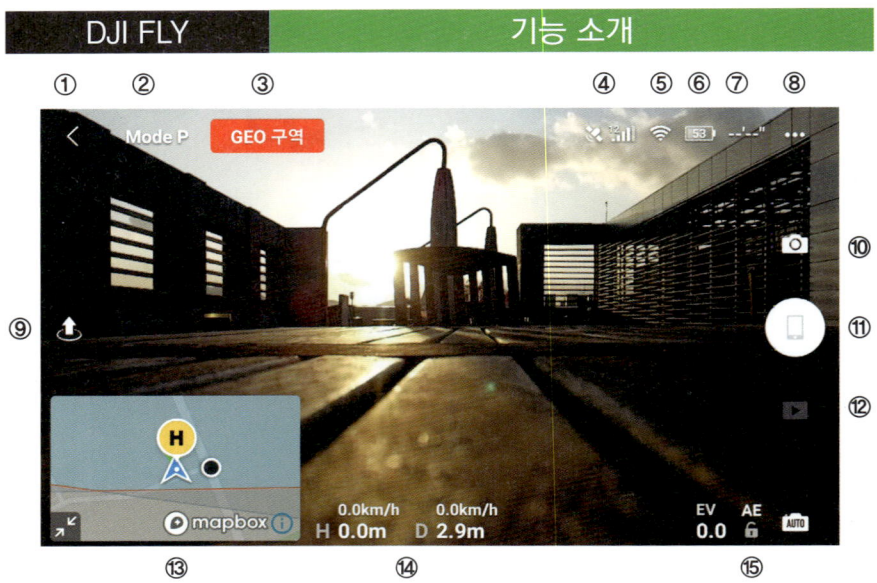

DJI FLY App을 통해 보여 지는 화면은 매빅미니의 카메라를 통해 실시간으로 보여 지는 영상이며, 이 화면을 통해 촬영할 이미지를 미리 확인할 수 있다.

(* 안드로이드와 iOS에 따라 화면의 구성과 배치가 다를 수 있음.)

① 뒤로가기		
② 비행 모드	현재 비행모드를 나타냄.(CineSmooth , Position모드 , Sport모드)	
③ 드론의 정보	현재 기체상태에 관한 메시지 전달 창	
④ GPS 신호	GPS 신호의 강도를 나타냄.	
⑤ 조종기 신호	조종기 신호의 강도를 나타냄.	
⑥ 배터리 잔량 표시	배터리 잔량 표시 등 현재 배터리 상태	
⑦ 비행 가능 시간	현재 배터리 잔량으로 비행가능한 잔여시간	
⑧ 메뉴 설정	기체의 전체적인 설정확인 (고도제한, RTH 설정, 조종모드, 기체정보 등)	
⑨ 자동 이륙/착륙	기체를 자동 이륙 혹은 착륙시킬 때 사용하는 버튼	
⑩ 카메라 모드 설정	사진촬영 / 비디오촬영 / Quick Shot 모드 설정	
⑪ 셔터 버튼	사진 및 동영상 촬영 시작 / 정지	
⑫ 갤러리	촬영된 이미지를 확인	
⑬ 지도	현재 비행경로를 보여주며 화면을 눌러 카메라 GUI에서 지도 GUI로 전환 이 가능함.	
⑭ 비행 원격 측정	H : 고도 표시	
	D : 이동 거리 표시	
⑮ 카메라 설정	EV : 카메라 노출값 설정	
	AE : 자동노출 잠금 / 해제	
	Auto : 카메라 ISO 노출값, 셔터스피드 조정	

Special II   세계에서 가장 잘 팔리는 드론, 매빅(MAVIC)

DJI FLY

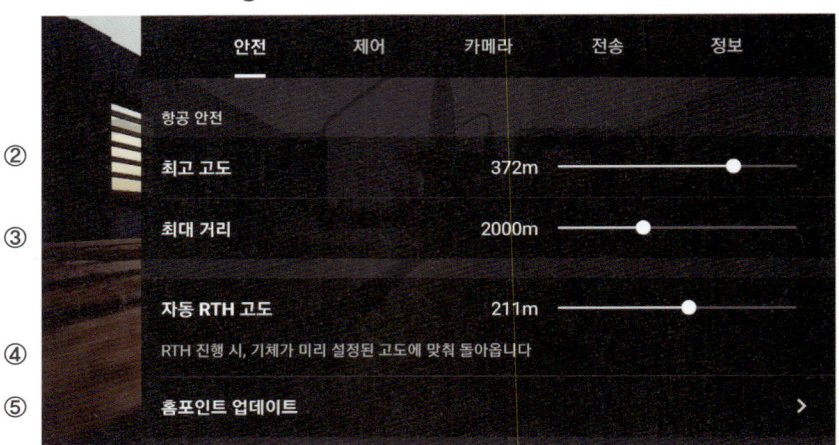

① 비행안전
② 고도 제한 설정   20~500m 이내에 고도를 제한 설정.
③ 거리 제한 설정   20~4000m 이내에 거리를 제한 설정
④ RTH 고도 설정   Return To Home 작동 시 설정한 고도로 돌아오게 됨
⑤ 홈포인트 업데이트 현재 드론의 위치 / 조종자의 위치로 새롭게 홈 포인트를 변경 가능

DJI FLY

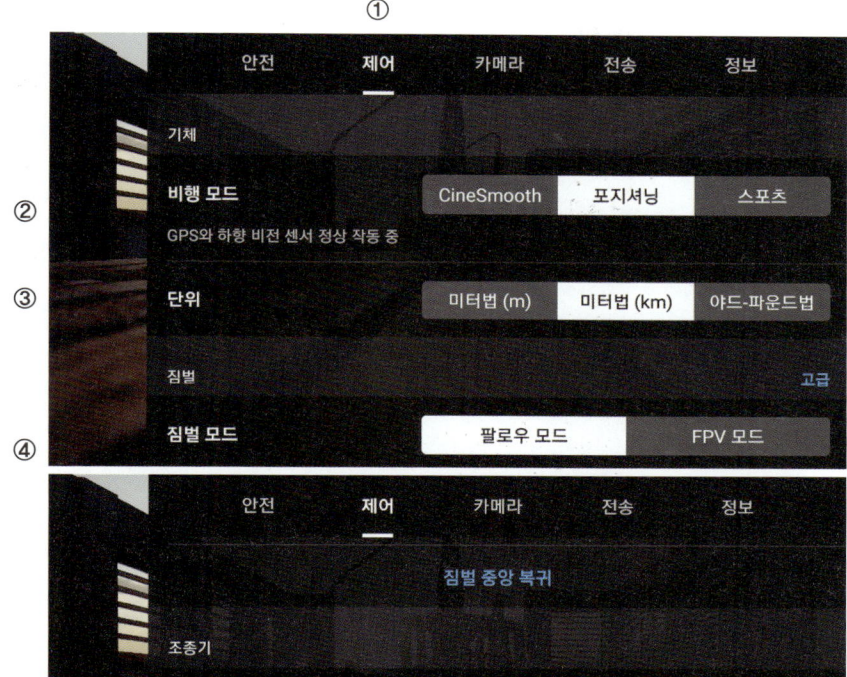

① 비행제어
② 비행 모드 설정   CineSmooth / 포지셔닝 모드 / 스포츠 모드 설정
③ 단위   m/s, km/h, Yard법으로 설정
④ 짐벌모드 설정   Follow 모드 / FPV모드 설정
⑦ 스틱 모드   조종 모드 설정
⑧ 조종기 캘리브레이션 조종기 캘리브레이션 진행
⑨ 초보자 비행 튜토리얼

DJI FLY

① 카메라 설정
② 카메라 사진 비율 설정 16:9 / 4:3
③ 저장 장치 SD카드에 관한 정보제공
④ 고급 설정 카메라 설정값 변경

DJI FLY

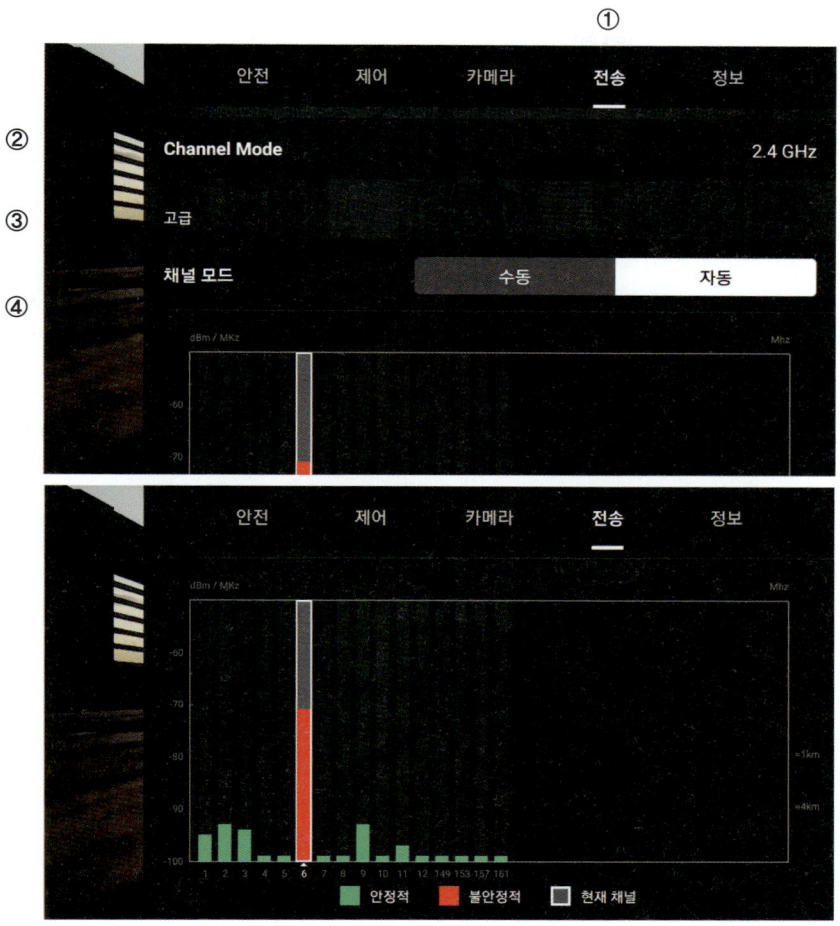

① 전송설정
② Channel Mode   현재 기체 송수신 연결 주파수 대역
③ 채널 모드   대역 수동/ 자동 설정
④ 현재 사용대역폭   카메라 설정값 변경

DRONE BASIC MANUAL

드론시장이 큰 폭으로 성장하고 있는 가운데, 드론의 역할도 더욱 다양해졌다. 처음 군사용에서 출발한 드론은 이제 산업 곳곳을 누비며 사람이 할 수 없는 일을 대신 해주고 있고, 일반인들도 쉽게 즐길 수 있는 레저용 드론 등이 인기를 얻고 있다. 하지만 드론의 진화는 여기서 끝이 아니다! 범죄로부터 사람을 보호하고, 일손을 돕고, 자연현상을 관찰해주는 등 미래 드론의 모습은 상상, 그 이상이 되리라는 것이 전문가들의 의견이다.

Part 02

드론입문심화
드론, 한계를 넘어서다

Chapter 01
군사용으로 출발한 드론

Chapter 02
일상의 새로운 즐거움, 일반시장용 드론

Chapter 03
사회 곳곳을 누비는 산업용 드론

Chapter 04
드론의 미래, 기술의 진화는 어디까지

01 군사용으로 출발한 드론

**드론은
전쟁속에서
태어났다**

드론은 원래 군사용 목적으로 쓰이기 시작했다. 1903년 유인항공기의 최초비행이 있기 전에 지금과는 기술력에서 상당한 차이가 있는 원시적인 형태의 무인항공기가 전투와 정찰용으로 개발됐다. 최초의 등장은 1849년 오스트리아에서 발명된 'Bombing by Balloon'으로 열기구에 폭탄을 달아 떨어뜨리는 방식이었으며, 베니스와의 전투에서 실제로 사용됐다. 미국에서도 이와 비슷한 형태의 기구가 있었는데, 남북전쟁 후 1863년에 뉴욕출신 찰스 파레이가 무인폭격기 특허를 등록한 'Perley's Aerial Bomber'라는 열기구이다. 'Perley's Aerial Bomber'는 열기구지만 기체에 폭탄바구니를 실을 수 있도록 설계됐으며, 타이머를 이용해 목표지역에 원하는 시간에 폭탄을 떨어뜨리도록 만들어졌다. 이후 1883년 더글라스 아치볼드가 'Eddy's Surveillance Kite'를 개발해 최초의 항공사진을 찍는 데 성공한다.

1917년에는 미국에서 '스페리 에어리얼 토페도(Sperry Aerial Torpedo)' 드론이 100kg이 넘는 폭탄을 싣고 최초로 비행에 성공했다. 1930년대 제2차 세계대전

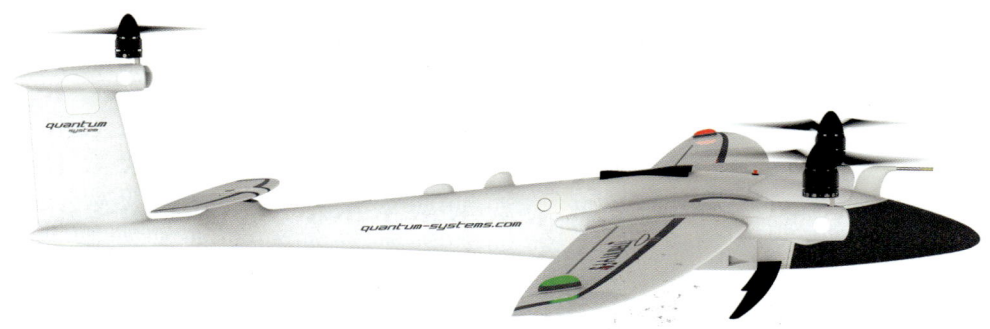

을 치르던 시기에는 무인항공기의 가치가 더욱 중요해졌으며, 영국은 처음으로 왕복 가능한 무인항공기 '퀸 비(Queen Bee · 여왕벌)'를 개발한다. 이것이 바로 드론의 원조 격으로 그 정통성을 인정받고 있으며, 여왕벌에 대비되는 드론(수벌)이라는 어원을 탄생시킨 비행체이기도 하다. 사격훈련 표적기 용도로 개발한 퀸 비는 당시 400기 이상이 제작됐다. 무인항공기는 베트남전을 거치며 정찰용으로 바뀌었고, 1950년대 미국은 '파이어 비(Fire Bee)'를 이용해 베트남 적진을 감시했다. 1982년 이스라엘은 레바논과의 전쟁에서 레바논을 도와주던 시리아 군의 레이더와 미사일 기지의 위치를 파악하기 위해 '스카우트(Scout)'라는 드론을 적의 상공에 날렸다. 그리고 미사일을 발사하도록 유도했고, 이를 통해 레이더 기지의 위치를 파악해 공격할 수 있었다.

1990년대는 드론의 군사적 가치가 최고로 상승했던 시기이다. 그 중 1991년 걸프전은 몇 대 안 되는 미국 드론이 가공할 위력을 보여준 최초의 사례로 잘 알려져 있으며, 2001년 아프간 공격에는 정찰과 공격이 동시에 가능한 드론인 '프레데터(Predator)'에 미사일을 장착해 공습에 투입했다.

이후에도 드론은 주로 군사용으로 활용됐으며, 일부 특정 계층과 특수 목적의 산업용으로 사용되기도 했지만 기술력의 한계와 고가라는 단점 때문에 선택의 폭이 넓지 못했다. 그럼에도 불구하고 산업용 드론의 개발이 지속적으로 이루어지면서 드론은 그 가치와 시장성을 인정받기 시작했고, 현재 우리 사회의 곳곳에서 활용되고 있는 가장 주목받는 분야로 성장했다. 2015년에는 민간 기술의 발달과 함께 상업적인 성공 가능성까지 인정받기 시작하면서 위성항법장치(GPS)와 다양한 센서·카메라 등을 장착한 민간용 드론이 개발돼 방송·물자수송·교통관제·보안 등의 분야로 그 이용 범위가 점차 넓어지고 있다. 뿐만 아니라 세계 IT 시장을 주도하고 있는 아마존, 구글, 페이스북 같은 기업들이 천문학적인 숫자의 개발비를 투자해 드론 개발과 마케팅에 뛰어들고 있을 정도로 가장 뜨거운 아이템으로 급부상하고 있는 중이다.

수직이착륙기 트리니티 F90+ [출처:퀀텀시스템즈 홈페이지]

02 일상의 색다른 즐거움, 일반시장용 드론

셀카드론, 액션캠, 익스트림 스포츠 드론은 일상의 새로운 즐거움이다

일반인들의 드론시장 역시 큰 폭으로 성장하고 있는 가운데 가장 눈길이 가는 레저 드론으로 등장한 것은 휴대용 셀카드론이다. 휴대용 셀카드론의 상용화는 초소형·고성능 카메라의 장착, 드론의 소형화·첨단화에 의해 이루어졌다. 초소형 카메라는 비행을 할 때 민감하게 작용하는 드론의 중량을 감소시키는 데 기여했으며, 이로 인해 기체 또한 소형화될 수 있었다.

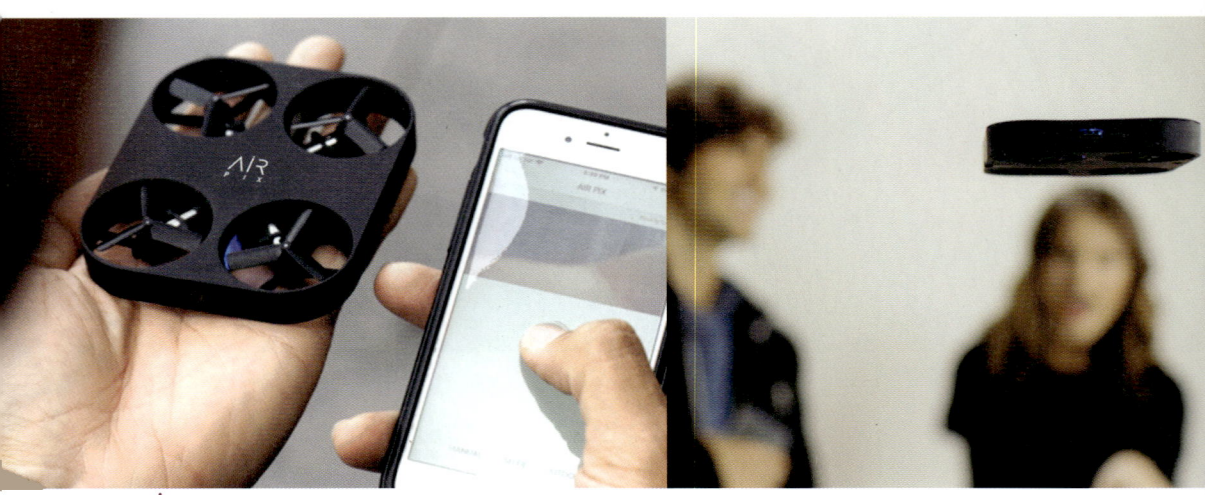

휴대용 셀카드론

첨단 센서의 집적 회로화는 손바닥 크기의 드론에 GPS, 초음파센서, 지상 패턴 분석 장치, 지자계, 자이로, 가속도계, 고화질 카메라의 탑재를 가능하게 했다. 또한 휴대용 셀드론은 전통적인 RC 방식이 아닌 평소 휴대가 가능한 스마트폰과의 연동으로도 기체 조종이 가능해 비교적 손쉽게 사진과 영상을 확보할 수 있다는 장점을 보여주고 있다. 이러한 이유로 휴대용 셀카드론 시장은 2014년 불었던 셀카봉 열풍과 마찬가지로 폭발적인 성장이 예측되고 있다.

액션캠

휴대용 셀카드론과 함께 레저 드론 시장의 또 다른 주자로 떠오르고 있는 것은 바로 액션캠(ActionCam)이다. 대표적인 제품으로는 미국의 고프로를 손꼽을 수 있다. 이 액션캠은 자신이 원하는 곳에 장착해 자신의 활동 모습을 촬영하고 다른 친구와도 공유할 수 있다.

　카메라 개발과 제조 분야에 있어 글로벌 브랜드로 인정받고 있는 캐논, 소니, 파나소닉, 삼성 등이 틈새시장을 눈여겨보고 속속 액션캠 제품을 출시하고 있으나 액션캠 전문업체와 비교했을 때, 경쟁력이 떨어지고 있는 추세이다. 하지만 중국에서 유사품이 제작 보급되면서 액션캠 열풍은 세계시장에 상당한 파급력을 불러올 것으로 전망되고 있다. 또한 아이폰과 유사한 샤오미폰을 생산하고 있는 샤오미도 액션캠 시장에 뛰어들었다는 것은 이미 액션캠 시장이 빠르게 확대되고 있다는 것을 말해준다. 따라서 셀피(Selfie), 액션캠의 융합이 레저 드론과 함께 점차 그 시장을 넓혀나간다면 세계 IT 시장에 미치는 파급력은 감히 예측할 수 없는 어마어마한 수준이 될 것이다.

　익스트림 스포츠 드론은 가장 많은 대중들의 관심과 흥미를 불러일으키고 있는 일반시장용 드론이다. 익스트림 스포츠는 언제, 어디서나 혼자서 즐길 수 있다는 장점을 가진 스포츠이다. 하지만 개인적인 성향이 강한 스포츠이기 때문에 그 생생함과 매력을 기록으로 남기는 데는 한계가 있다. 익스트림 스포츠 드론은 그러한 단점과 한계를 극복하는 동시에 익스트림 스포츠의 또 다른 매력을 발견할 수 있는 계기가 될 것으로 기대되고 있다.

이러한 과정을 예를 들어 설명하면, 먼저 익스트림 스포츠 드론 사용자는 드론과 무선으로 연결된 센서를 몸 일부에 착용한다. 그리고 스마트폰으로 간단하게 이륙명령을 내린 뒤 드론이 유지해야 할 일정한 고도를 설정한다. 그런 다음 사용자는 자연스럽게 자신이 즐기고자하는 스포츠에 몰두하고, 드론은 알아서 사용자를 쫓아다니며 촬영을 진행한다. 겨울에 는 스키장에서 멋지게 활강하는 모습을 담기도 하고, 여름에는 모터보트를 타고 물위를 매끄럽게 질주하는 모습을 익스트림 스포츠 드론은 단 한 순간도 놓치지 않고 기록할 것이다. 뿐만 아니라 저장된 사진이나 동영상 기록들은 모바일로 전송돼 페이스북, 트위터, 유튜브, 카카오톡 등의 매체로 곧바로 업로드되고, 사용자는 주변 사람들과 자신이 느낀 즐거움을 실시간으로 공유할 수 있게 된다.

이 밖에도 유럽과 미국에서 큰 인기를 끌고 있는 드론을 활용한 레이싱대회가 드론의 대중화를 더욱 가속화시킬 것으로 전망된다. 드론 레이싱대회는 공중에서 벌어지는 쫓고 쫓기는 숨 막히는 레이싱으로 진행된다. 각종 장애물을 통과하기도 하고, 전력질주를 선보이기도 하는 드론의 역동적인 모습을 보면서 관중들은 손에 땀을 쥐게 하는 긴장감은 물론 스릴과 재미를 느끼게 된다. 특히 레이싱 경기는 선수가 직접 기체를 눈으로 확인하며 비행하는 방식이 아니라 안경모니터를 착용하고 실제로 비행체에 탑승해 조종하는 느낌으로 경기를 치른다. 따라서 드론의 움직임을 보다 섬세하게 조종할 수 있다.

    이미 국내에서도 전국 곳곳에서 드론 레이싱대회가 개최되고 있으며, 레저스포츠로 드론 레이싱을 즐기는 동호회원들을 중심으로 선수단이 만들어지고 있다. 이러한 추세라면 멀지 않은 미래에 드론 레이싱은 그 어떤 레저스포츠보다 대중들의 열광적인 사랑을 받을 것이다.

03 사회 곳곳을 누비는 산업용 드론

민간분야에서 드론이 가장 활약할 것으로 예상되는 분야는 단연 물류이다. 또한 가장 혁신적인 변화가 기대되는 분야도 물류이며, 이미 상당한 진전을 보이고 있다. 드론을 통한 택배로 혁신을 이루겠다고 선언한 아마존은 드론 택배 서비스인 '프라임 에어'를 담당할 드론 조종사를 모집하는 등 본격적인 드론

배달 서비스 시대를 열었다. 경쟁사인 DHL 역시 드론이 육지에서 섬으로 소포를 배송하는 것에 성공했으며, 중국의 알리바바는 베이징·상하이 등 중국 대도시에서 사흘간 드론을 이용한 시범 택배 서비스를 성공적으로 완수함으로써 드론 배달 유비쿼터스 시대를 예고했다.

그리고 현재 가장 적극적으로 드론을 활용하고 있는 산업분야는 영상촬영 사업이다. 드론의 손쉬운 접근성은 방송사의 취재 영역과 방식에 혁명을 이끌어내고 있다. 영국 BBS 방송은 2014년 9월 이스라엘 무인공격기의 미사일 발사로 벽돌 더미만 남은 팔레스타인 가자지구의 참상을 드론을 통해 보도했다. 당시 방송에서는 "파괴 현장을 새로운 시야에서 보여 드린다."는 설명을 붙이기도 했다.

실제로 드론을 통해 새의 눈으로 내려다본 가자지구의 참상은 훨씬 참혹했으며, 이 밖에도 BBC는 2011년 드론을 이용해 200만 마리의 플라밍고 떼의 생태를 관찰한 '어스플라이트(Earthflight)'라는 다큐멘터리를 선보이기도 했다. 또한 드론의 항공촬영 시스템은 이미 많은 드라마, 영화, 쇼 등 다양한 분야에서 활용되고 있다.

도로의 교통현황을 빠르고 간편하게 모니터링 할 때도 드론을 활용할 수 있다. 기존에는 유인헬기를 투입해 도로상황을 관찰했으나, 그러한 방식은 높은 비용을 발생시킬 뿐만 아니라 반드시 인력이 투입돼야 한다는 단점이 있다. 하지만 드론을 이용한 모니터링은 비용과 투입인력을 최소화해 경제성을 확보할 수 있다. 시위 현장에 투입된 드론은 시위를 주동하고 있는 핵심인물은 물론 그 인물의 행동반경과 시위대의 이동 경로를 사전에 파악해 시위의 확산을 막을 수 있다. 그리고 지정학적 정보 수집에 있어서도 드론을 활용할 수 있는데, 인공위성을 이용한 자료 수집은 천문학적인 비용이 발생한다. 하지만 드론은 이러한 비용을 상당부분 절감시키고, 근거리 근접 촬영이 가능해 조금 더 선명하고 정밀한 지도와 지형 정보를 기록 보존할 수 있다.

해변에서 수영을 즐기던 피서객이 물에 빠졌을 때도 드론을 투입할 수 있다. 드론을 활용해 구명튜브를 해당 지역에 투하하면 조금 더 빠른 시간 내 인명을 구조할 수 있다. 화재가 발생했을 때도 불길이 솟아오르는 중심지역에 드론을 투입하면 보다 안전하고 신속하게 화재를 진압할 수 있다. 또한 방재용 헬기는 현재 무인헬기 형태로 200기 가량이 국내 보급돼 사용되고 있으나, 전

체 방재 수요의 4% 가량만을 담당하고 있다. 40% 이상인 일본의 활용률과 비교했을 때는 상당히 미미한 수준이지만 안전한 활용 교육과 철저한 사후 서비스망만 구축된다면, 멀티콥터형 드론의 보급과 활용률은 빠르게 높아질 것으로 예상되고 있다. 뿐만 아니라 위험부담이 있는 작업 현장이라면 드론의 활용성은 더욱 높아지는데 고압선에 부착돼 있는 애자의 균열을 검사하거나 교량의 균열을 파악하고 유지·보수하는 작업, 테러현장 조사, 교통사고 감식, 지도제작, 풍력발전기의 날개 검사, 밀렵 감시, 대규모 농약 살포 등이 해당한다.

　우리가 주목해야 할 또 하나의 큰 드론 시장은 3D 맵핑 소프트웨어와 결합한 다양한 분석서비스 시장이다. 각종 사고의 감식작업에서 드론은 공중에서 지상을 촬영하고, 촬영된 사진을 3D 맵핑 소프트웨어에서 3차원으로 변환한다. 이렇게 사고의 조사를 2D가 아닌 3D로 역학적으로 검사하면 빠르고 정확한 원인 감식을 진행할 수 있으며, 건설, 토목, 농업분야에도 적용하면 기존방식보다 손쉽게 데이터를 분석할 수 있다.

04 드론의 미래, 기술의 진화는 어디까지

재해와 범죄로부터 사람을 보호하다

**드론은
상상하는 모든 것을
현실로 만들 것이다**

드론만이 할 수 있는 유일한 일, 드론이 아니라면 불가능한 일을 떠올린다면 아마 대부분의 사람들이 가장 먼저 구조를 생각할 것이다. 벌써부터 조난지역에 드론을 보내 인명을 구조한 소식이 보도되고 있을 정도로 인명 구조 드론은 더는 먼 미래의 이야기가 아니다.

이 밖에도 냄새를 통해 주인을 잃어버린 애완동물이나 아이를 찾는 드론, 멸종위기 동물을 밀렵꾼으로부터 보호하는 드론, 각종 질병과 전염병을 전파하는 곤충을 박멸하는 드론처럼 미래의 드론은 수많은 위협으로부터 사람을 보호하고 사람의 의무를 대신 수행해주게 될 것이다.

그 뿐만 아니라 사람의 힘으로는 막기 어려운 자연재해로부터 사람을 보호하는 일 또한 드론이 우리에게 주는 특별한 혜택이 되지 않을까. 산불 발생을 감시하는 적외선 센서 기능으로 산불을 예방해주는 드론, 열 센서로 조난된 사람의 위치를 정확하게 파악하고 전달해주는 드론·홍수·우박·쓰나미·허리케인, 지진 등 각종 자연재해를 미리 예측하는 드론이 탄생할 것이다.

'국민의 지팡이'로 알려진 경찰의 역할 또한 드론이 그 일부를 대신할 수 있다. 예를 들어 경찰은 범죄자를 쫓고, 범죄자는 있는 힘을 다해 도망을 치고 있다. 이러한 범죄자와의 추격전에 유인 헬기가 투입된다. 하지만 드론을 활용한다면 비용을 절감할 수 있을 뿐만 아니라 추격전은 일방적인 경찰의 승리로 끝날 수밖에 없다. 헬기보다 작고 빠르며 이동이 편리한 드론이 범죄자를 놓칠 확률보다 범죄자가 드론의 포위망에서 벗어나지 못할 확률이 훨씬 더 높기 때문이다. 또한 드론은 경찰견보다 빠른 약물탐지가 가능하고, 사람들의 시선을 피해 가정 폭력이나 아동 학대를 감시할 때도 적합하다. 만약 전자발찌나 팔찌를 드론으로 대체한다면 실시간 데이터 수집을 통해 범죄자의 동향을 파악하고, 재범의 가능성이 있을 경우 곧바로 제지할 수 있어 추가 범죄 예방에도 많은 도움이 될 것이다.

일손을 돕는 똑똑한 드론의 출현

보통 상품의 가격은 희귀성에 의해 높아지기 마련이다. 대중들에게 알려지기 전에는 드론 역시 아무나 구입할 수 없는 고가의 상품 중 하나였다. 하지만 우리 생활 속 드론의 영역이 넓어지면서 점차 가격이 떨어지기 시작했고, 이제는 농업과 축산업계에도 활용될 전망이다. 특히 대규모 농장의 경우, 첨단 농기계를 사용한다고 해도 엄청난 에너지와 비용이 발생한다. 하지만 드론을 사용하면 대부분의 비용을 절감할 수 있을 뿐만 아니라 그로 인한 더 큰 이윤을 창출할 수 있다. 광활한 논과 밭에 씨앗을 심고, 물을 주고, 수확하는 대부분 작업을 드론이 대신해주는 시대가 다가오고 있기 때문이다. 또한, 모든 곤충, 벌레, 지렁이 등을 식별해 벌레의 수를 확인하고 박멸해주는 곤충 감시용 드론, 농작물을 지키는 허수아비와 같은 역할을 하는 새 쫓는 드론, 온도가 영하로 떨어질 때 그 효과를 발휘할 수 있는 농작물 분무기 드론, 사람의 몸을 수시로 검사하는 질병 감시 드론, 토양 성분을 분석하는 비료 모니터링 드론 등이 등장하게 될 것이다.

축산업도 마찬가지 혜택을 누릴 수 있을 것이다. 가축을 알아보는 센서와 추적 시스템을 탑재한 드론을 이용하면 어디서든 소, 말, 염소 등의 자유방목이 가능하고 닭, 오리, 거위 등을 실시간 감시할 수 있으니 더 이상 일손이 부족해지는 일은 없지 않을까?

교육과 과학의 혁신을 이루다

사람들의 관심이 가장 집중되는 분야인 교육과 과학계 역시 혁신을 맞이하게 될 것이다. 역사 교과서는 물론 역사 관련 문헌을 통째로 기억하고 있는 드론도 등장할 것이고, 걸어 다니는 백과사전처럼 모든 궁금증을 해결해줄 Q&A 드론도 상용화될 것이다. 또한, 어려운 수학 문제를 한 치의 망설임도 없이 다양한 예시를 보여주며 해결 해주는 수학 드론, 각종 시험에 대비해 지속적으로 예상문제를 출제해주는 시험 준비 드론, 일상 속 외국어 학습을 위한 언어 파트너 드론 등이 대거 등장할 예정이다.

교육용 드론의 진화는 여기서 끝이 아니다. 책, 미디어, 아트워크 등 학습자가 원하는 다양한 지식자료를 배달받을 수 있고, 해당 질문에 정확한 답변을 줄 수 있는 전문가와의 실시간 질의응답도 교육용 드론을 통해 가능해질 것이다.

더불어 과학계에는 드론이 새로운 변화를 몰고 올 것이다. 실시간 추적이 필요한 고래나 철새 같은 동물을 어렵지 않게 관찰할 수 있으며, 온도 감지 센서를 활용한 해수와 조류의 움직임, 지구 밖의 태양 활동을 수시로 기록할 수 있는 길이 열리게 될 것이다. 또한 땅 속 깊숙이 매장돼 수많은 우리의 역사를 찾아내 미래 고고학 연구에도 큰 기여를 할 것으로 기대되고 있다.

드론, 상상이 현실이 되다

택배나 운송에 드론을 활용하는 사례는 현재도 적지 않게 진행 중이다. 가장 짧은 시간에 우리의 상상이 현실로 이루어질 수 있는 분야가 바로 택배와 운송이기도 하다. 각종 식료품 배달, 반품용 배달, 우편물 수령, 농장에서 기른 신선한 식재료의 당일 배송, 의료 처방 배달과 같은 일을 드론이 대신해준다면 인간의 삶은 지금과는 비교도 할 수 없을 만큼 윤택해질 것이다. 물건을 배달할 수 있기 때문에 평소에 집안에 비치해두기 어려운 물건들을 빌려주는 대여 분야에서도 드론이 활용될 가능성은 무궁무진하다.

그 뿐만 아니라 '노동', '일'에 대한 개념이 완전히 사라질지도 모르는 일. 집 안을 쓸고 닦는 청소 드론, 매 시간마다 잔디를 깎고 물을 주는 잔디 관리 드론, 빨래부터 건조까지 알아서 척척 책임져주는 세탁 드론 등이 등장할 것이기 때문이다. 집 안팎에 위험요소가 감지되면 곧바로 경고하고, 불법 침입자를 막아내는 가정집 보안용 드론이나 물건이 파손되면 완벽한 패치를 만들어내 문제를 해결하는 3D 프린터 드론, 나쁜 냄새로부터, 시끄러운 소음으로부터, 눈 건강에 좋지 않은 시각적인 자극으로부터 우리를 지켜줄 드론도 탄생할 것이다.

또한 거리에 관계없이 모든 물체를 크고 작게 볼 수 있는 확대경, 축소경 드론으로 사람이 볼 수 없는 것까지도 볼 수 있는 세상이 온다면, 그야말로 우리는 상상이 현실이 되는 놀라운 경험을 하게 될 것이다.

드론 직업군 알아보기

드론의 대중화가 빠르게 진행되고 있는 만큼 이제 우리는 TV나 냉장고, 카메라 같은 일상 전자제품을 구매하듯이 드론을 접할 수 있을 것이다. 많은 오프라인 전자제품 매장 한편에는 다양한 드론제품들이 진열된 모습 또한 흔한 풍경이 되지 않을까.

머지 않은 미래 이런 시대가 다가오면 우리 사회에는 드론의 대중화와 맞물려 새로운 변화가 찾아올 것으로 예상된다. 예를 들어, 자동차가 고장 났을 때 자연스럽게 정비소를 찾아가 전문가에게 수리를 맡기듯이 드론도 판매점뿐만 아니라 파손이나 고장을 수리하는 등 판매 이후 사후 서비스를 제공하는 업체가 등장할 것이다. 동시에 교육 사업에도 새 바람이 불어 각 대학마다 드론학과 또는 드론 관련 학과를 신설하고, 드론만을 전문적으로 교육하는 기관도 속속 생겨날 것이다. 국내에서는 이미 일부 대학교에서 드론학을 전공하는 학생들이 있으며, 이 학생들은 미래 드론 개발자, 조종사, 정비사를 꿈꾸며 공부하고 있다.

그러나 드론 관련 직업은 아직 우리에게 미지의 세계다. 드론 개발자나 판매자, 교육전문가 정도가 활동하고 있을 뿐, 앞으로 얼마나 더 많은 종류의 직업군이 탄생하게 될지는 아무도 모른다. 다만 빠른 성장세와 무한한 잠재력을 봤을 때 앞으로 드론이 상당한 영향력을 가진 산업의 축이 된다면, 드론 관련 직업 역시 유망직종이 될 것이다.

【 미리 만나보는 '드론 관련 미래 직업' 】

1. 드론 조종사
   농업이나 산업 현장에서 활용되는 상업드론을 전문적으로 조종하는 사람

2. 드론 정비사
   드론의 파손이나 고장 수리를 전문적으로 담당하는 사람

3. 드론 맵핑 전문가
   토목, 측량, 건설, 농업, 문화재관리등 다양한 분야에서 맵핑을 담당하는 사람

4. 드론 장의사
   드론을 활용하여 장의업무를 수행하는 사람

5. 드론 디자이너
   드론의 성능 최적화와 시각적인 부분을 고려해 기체를 디자인하는 사람

토마스 프레이의 미래의 드론 192가지 쓰임새

미래학자 토마스 프레이는 미래 드론이 192가지 분야에서 활약하게 될 것이라는 예견을 내놓았다. 자동차를 대체하는 출퇴근 드론, 미아 찾기 드론, 전염병 발생 지역 감시 및 조사 드론, 플라잉 드론 리조트 등이 해당된다. 과연 그가 언급한 수많은 쓰임새 중 몇 가지가 단순히 상상이 아닌 현실이 될지는 지켜볼 일이다.

1. 지진 경보 네트워크 드론
2. 허리케인 모니터링 드론
3. 토네이도 경보 시스템 드론
4. 우박 방지 장치/음향 대포 드론
5. 눈사태 방지 장치/음향 대포 드론
6. 임박한 홍수 경고 시스템 드론
7. 쓰나미 예측 시스템 드론
8. 산불 예방 방지 장치 드론
9. 미아 찾는 드론
10. 열 센서 드론
11. 적외선 센서 드론
12. 곤충 살상용 드론
13. 밀렵꾼 드론
14. 멸종 위기 종을 위한 드론
15. '눈'의 역할을 하는 드론
16. 애완동물을 찾는 드론
17. 사건/사고 모니터링 드론
18. 시간대별 날씨 드론
19. 시위자 캠코더 드론
20. 인터뷰 드론
21. 실시간 통계 드론
22. 빠른 코멘트/인터뷰 드론
23. 락커룸 드론
24. 사진 드론
25. 우체국 드론
26. 의료 처방전 배달 드론
27. 식료품 배달 드론
28. 메일, 포장용 배달 드론
29. 예상 가능한 배달 드론
30. 반품용 드론
31. 농장에서 직접배송 드론
32. 연회 케이터링 드론
33. 건설 모니터링 드론
34. 토폴로지 조사 드론
35. 즉각적인 환경요소 영향 조사 드론
36. 파워 라인 모니터링 드론

37. 건물의 열 이미징 드론
38. 취급주의 물건 배송 드론
39. 해적 감시용 드론
40. 지질 조사용 드론
41. 3차원 체스 드론
42. 월드 오브 워크래프트 공간 드론
43. 3차원 보물찾기 드론
44. 격투기 싸움 드론
45. 몬스터 트럭과 대결 드론
46. 레이싱 드론
47. 장애물 코스 드론
48. 사냥 시즌 드론
49. 완벽한 선수 관리를 위한 드론
50. 우주 레이싱 카메라 드론
51. 개인 트레이너 드론
52. 인스턴트 랜딩 패드 드론
53. 마라톤 트랙커 드론
54. 주자의 신진 대사 추적 드론
55. 베어백 드론 라이더 드론
56. 야외 볼링 드론
57. 코미디언 드론
58. 마술사 드론
59. 콘서트 드론
60. 서커스 드론
61. 공연 예술 드론
62. 거대 사진 조합 대회 드론
63. 장난꾸러기 드론
64. 불꽃놀이 드론
65. 스팟 광고 드론
66. 잠재의식 광고 드론
67. 멀티미디어 포메이션 드론
68. 배너 풀링 드론
69. 음식과 생산품 샘플러 드론
70. 사람들의 눈길을 끄는 드론
71. 비행 섬광등 드론
72. 신선한 빵 드론
73. 인공적 꿀벌 드론
74. 씨앗 심는 드론
75. 곤충 감시용 드론
76. 비료 모니터링 드론
77. 질병 감시 드론
78. 새 쫓는 드론
79. 농작물 분무기 드론
80. 수확용 드론
81. 소 감시 드론
82. 말 추적 드론
83. 돼지 감시 드론
84. 벌 관측기 드론
85. 양 추적 드론
86. 닭 감시 드론
87. 칠면조 추적 드론
88. 오리와 거위 모니터 드론
89. 약물 탐지용 드론
90. 정치적 부패 감시용 드론

91. 과속 추적용 드론
92. 가정 폭력 감시 드론
93. 아동 학대 감시 드론
94. 이웃 감시 드론
95. 발목 팔찌 대체 드론
96. 법원 소환 드론
97. 에어브러시 드론
98. 먼지 닦는 드론
99. 잔디 관리용 드론
100. 나뭇잎 갈퀴질 드론
101. 가정집 보안용 드론
102. 3D 프린터 수리용 드론
103. 특별 간판 드론
104. 기저귀 교체 드론
105. 부동산 사진촬영용 드론
106. 대기의 수분 수확용 드론
107. 자택 검사용 드론
108. 배터리 대체용 드론
109. 쓰레기 제거용 드론
110. 하수 처리용 드론
111. 보험 조절장치 드론
112. 즉각적인 등록용 드론
113. 도구 대여 도서관 드론
114. 비상용 장비 대여 도서관 드론
115. 애완 동물 빌려주는 도서관 드론
116. 24시간 책, 오디오 책, 비디오, 아트 워크, 정보 자료실 드론
117. 기술 대여 도서관 드론
118. 전문가 대여 도서관 드론
119. 빅 브라더 (Big Brother) 대여 드론
120. 드론 대여 도서관 드론
121. 미사일 발사용 드론
122. 폭탄 투하용 드론
123. 비행 위장용 드론
124. 통신 방해용 드론
125. 전장 의료 공급용 드론
126. 보이지 않는 스파이 드론
127. 열 탐지 총알 드론
128. 태양열 초고도 와이파이 드론
129. 인도주의적 애플리케이션 드론
130. 카나리아 드론
131. 신체 영역 모니터링 드론
132. 호버링 건강 모니터 드론
133. 물리적 이동 분석 드론
134. 스킨케어 모니터 드론
135. 시각 안내 드론
136. 전염성 있는 질병의 감시 드론
137. 역사적인 문헌 참조 드론
138. 실시간 관점 드론
139. 기하학적인 모양 드론
140. Q&A 드론
141. 다큐멘터리 드론
142. 언어 파트너 드론
143. 기본 수학 드론

144. SAT-ACT 준비용 드론
145. 고고학 드론
146. 고래 관찰 드론
147. 철새 이동 드론
148. 산림 건강 드론
149. 해수의 조류 드론
150. 북극광 드론
151. 태양 플레어 모니터링 드론
152. 지구 소음 모니터링 드론
153. 출근용 드론
154. 택시-리무진 드론
155. 바 호핑 (Bar Hopping) 드론
156. 관광 명소 드론
157. 타고 내리는 드론
158. 긴급 구조 드론
159. 교역용(Trucking) 드론
160. 야간 취침용(Overnight Sleeper) 드론
161. 유해 물질용 드론
162. 위험 화학물질 운송 드론
163. 위험한 동물 구조 용 드론
164. 체스 드론
165. 팔씨름 드론
166. 어려운 장소에서의 용접용 드론
167. 어려운 장소에서 기계 수리용 드론
168. 우주 폐기물 제거용 드론
169. 악취 제거 드론
170. 소리&소음 제거 드론
171. 가시광선 무효화 드론
172. 확대경 드론
173. 축소경 드론
174. 색상 변화 드론
175. 열 대포 드론
176. 우리의 머리에 목소리를 보내는 드론
177. 개인용 잠망경 드론
178. 플랜트 커뮤니케이터 드론
179. 프리스비 터보 플라이어 드론
180. 그림자 드론
181. 모기-자유 구역 드론
182. 데이트 드론
183. 적합성 드론
184. 엘리베이터 드론
185. 거대한 리조트 드론
186. 인공 지렁이 드론
187. 개인 준비용 드론
188. 의류 드론
189. 보호용 드론
190. 정신적 전달자 드론
191. 원격 시점 드론
192. 슈퍼맨 드론

【출처: http://www.futuristspeaker.com/2014/09/192-future-uses-for-flying-drones】

SPECIAL III

드론 바로미터

01 드론의 모든 것을 공부하고 싶다면

【 대경대학교 드론기술부사관과 】 http://drone.tk.ac.kr/
- 경상북도 경산시 자인면 단북1길 65 / TEL 053)850-1279
- 드론시스템 개발 및 정비에 이르는 제반 기술을 교육함으로써 드론 관련 전문가를 양성

【 초당대학교 항공드론학과 】
https://www.cdu.ac.kr/mod/page/view.do?MID=KR_03010400
- 전남 무안군 무안읍 무안로 380 / TEL 061)453-4960(ARS)
- 무인항공기의 조종, 정비, 설계, 제어 및 운영 기술력을 구비한 드론 전문인력 양성

【 한서대학교 무인항공기학과 】 http://hsuav.hanseo.ac.kr/main.do
- 충청남도 서산시 해미면 한서1로 46, Tel. 041-660-1144
- 무인항공기 체계 이론교육 및 실무교육 실시/우수한 실무인력 양성

02 드론 관련 협회 활동을 하고 싶다면

【 대한드론진흥협회 】 http://drone.tk.ac.kr/
- 서울시 송파구 법원로127 대명벨리온지식산업센터 210호 / 070)5129-1193
- 드론산업관련 개발, 연구활동 및 기술개발지원사업등을 통한 산업발전에 기여함.

【 한국드론협회 】 http://home.kdaa.org/sub/index.php
- 경기도 성남시 분당구 판교역로 221, 108호 / 031)746-0025
- 드론의 안전증진 및 문화 전파, 전문 인력의 양성, 산업 활성화 및 저변확대, 기술·콘텐츠 개발

【 한국드론산업협회 】 http://www.kdrone.org/
- 경기도 화성시 동탄기흥로 602 더퍼스트타워 3차, 901호 / 031)372-6876
- 드론 기술 향상을 위한 연구 및 정책개발, 홍보 등을 수행함으로써, UAV산업의 발전을 도모

03 드론 관련 자격증을 취득하고 싶다면

【 서울현대전문학교 드론학부 】 https://www.hyundai1990.ac.kr
- 서울시 영등포구 당산동6가 343-1 / Tel.02-2675-5800
- 드론설계, 개발, 조종 및 운용에 특성화된 교육, 군 기관과 연계한 실무교육

【 아세아항공직업전문학교 무인항공기과 】 https://www.asea.ac.kr
- 서울시 용산구 원효로97길 25 / Tel.02-714-9707
- 고정익 무인기, 무인헬기, 멀티로터 무인기, 초소형 무인기의 설계, 제작, 정비, 조종의 이론 및 실습 교육

【 청연항공과학직업전문학교 드론조종부사관과정 】 http://www.bluecollege.co.kr
- 경기 용인시 기흥구 중부대로 242, A동 3층 / Tel.031-254-7471
- 육해공군 드론부사관 임관에 필요한 기초 항공관련 교육, 드론조종/정비 전문교육

【 청연항공과학직업전문학교 드론조종영상촬영과정 】
 http://www.bluecollege.co.kr
- 경기 용인시 기흥구 중부대로 242, A동 3층 / Tel.031-254-7471
- 드론 영상촬영, 특수목적의 적외선 촬영, 토지측량 드론촬영, 영상촬영 비파괴검사 교육

【 강동대학교 드론봇부사관과 】 https://dma.gangdong.ac.kr
- 경기도 이천시 장호원 강동대학교 / Tel.031-643-6112~5
- 군사소양 및 항공기술 전문성 겸비한 부사관 양성 교육, 드론봇 전투체계 운용 교육

【 중앙직업전문학교 드론/로봇과정 】 http://www.jac.ac.kr
- 인천광역시 남동구 인주대로 596 / Tel.1899-5338
- 드론의 기획부터 제작, 운영, 조종, 정비관련 전문교육

【 한국항공직업전문학교 무인기(드론)과정 】 http://www.kac.ac.kr
- 서울특별시 동대문구 왕산로 14 / Tel.02-944-8911
- 항공기 정비교육, 무인기 운용정비교육, 필수 외국어교육, 무인항공기 조종 교육

【 배재대학교 드론/로봇공학과 】 https://robot.pcu.ac.kr
- 대전광역시 서구 배재로 155-40 / Tel.042-520-5663
- 드론제작, 비행제어프로그밍민, 조종 및 항공촬영 훈련, 로봇과 자동화기기 운용 교육

나가는 글

드론,
무한한 기회를
열다

세계는 지금 드론에 집중하고 있다. 산업 각 분야에서 드론의 활용이 거론되고 있는 것은 물론 드론과 융합한 상품의 개발이 빠르게 진행되고 있다. 전 세계 드론 시장의 규모는 2013년 66억 달러에서 2022년에는 114억 달러가 증가할 것으로 전망되고 있다. 특히 상업용 드론은 2020년 10억 달러로 증가할 것으로 예상된다.

이러한 흐름에 발맞춰 우리나라도 폭발적인 성장세를 거듭하는 세계 드론 시장에 본격적으로 뛰어들 준비를 서두르고 있다. 정부에서는 2025년까지 무인자동차, 드론 등 무인시장 점유율 10%와 매출 15조원을 달성하기 위한 산업 육성을 추진할 예정이다.

　과거 우리나라 선조들은 신라, 백제, 고구려 삼국시대부터 원주율을 사용했고, 조선 초 달력을 만들어 사용했던 과학 선진국이었다. 우리나라는 전 세계 그 어떤 나라의 국민보다 아이디어가 풍부하고, 똑똑한 인력이 존재하는 국가로 드론 분야에서 역시 충분한 기술력과 잠재력을 가지고 있다. 이제 우리나라도 단순히 드론을 사고, 팔고, 알리고, 활용하는 수준이 아닌 직접 드론의 신기술 개발에 나서야 할 시점이 다가 온 것이다.

　또한 현재 많은 산업적인 활용과 성장가능성을 보여주고 있는 드론은 사생활 침해와 안전사고의 발생 가능성이 비약적인 성장의 걸림돌로 작용하고 있다. 1인 1드론 시대를 맞이하고 있는 상황에서 안전비행에 대한 교육서비스의 개설과 자격증 제도 신설, 신규 법규의 제정 등의 과정이 보다 현실성 있고 빠르게 적용될 수 있도록 노력할 필요성이 있다.

　단순히 하늘을 날고자 했던 꿈이 과학기술의 힘으로 현실이 된 오늘날, 드론이 또 하나의 꿈과 상상을 현실로 만들어주고, 우리 생활에 무한한 편리함과 풍요로움을 가져다줄 새로운 미래를 선물할 날이 멀지 않았다.

참고자료

- 한국인터넷진흥원, "ISA Report Power Review" 2015.5.
- 중앙공무원교육원, "022년 세계 시장 10% 점유를 위한 무인항공기(드론)산업 활성화 방안" 2014.6.
- 한국정보산업연합회, "임베디드산업 5대 비즈니스 및 기술 동향" 2015.3.
- 구글 위키백과
- Tech Chosun 홈페이지, http://tech.chosun.com/archives/11838
- Tech Chosun 홈페이지, http://tech.chosun.com/archives/5848
- 중앙일보 홈페이지, http://article.joins.com/news/article/article.asp?total_id=17210925&ctg=
- 정보통신기술진흥센터, "드론산업 생태계 구성현황과 시장 활성화를 위한 규제 요건" 2015.5.
- 사단법인 한국드론협회 홈페이지 http://www.kdaa.org/
- 사단법인 한국드론협회, 〈DRONE〉 2015.1
- 머니투데이, 〈TECH M〉 2015.9
- UAV COACH
- By Futurist Thomas Frey - http://www.futuristspeaker.com/2014/09/192-future-uses-for-flying-drones/
- Rosa 블로그, 쿼드콥터(드론)의 비행원리

드론, 새로운 세상을 만나다

발 행 일 2020년 5월 1일 개정 2판 1쇄 인쇄
2020년 5월 10일 개정 2판 1쇄 발행

저 자 장성기·백옥희

발 행 처 크라운출판사 http://www.crownbook.com

발 행 인 이상원

신고번호 제 300-2007-143호

주 소 서울시 종로구 율곡로13길 21

대표전화 02) 745-0311~3

팩 스 02) 743-2688

홈페이지 www.crownbook.com

I S B N 978-89-406-3703-6 / 03550

특별판매정가 16,000원

이 도서의 판권은 크라운출판사에 있으며, 수록된 내용은 무단으로 복제, 변형하여 사용할 수 없습니다.
Copyright CROWN, ⓒ 2020 Printed in Korea

이 도서의 문의를 편집부(02-6430-7012)로 연락주시면 친절하게 응답해 드립니다.